お散歩の草花ポケットブック

岩槻秀明

身近な草花 **350** 種 オールカラー

いかだ社

目次

春

- 花だんの主役 パンジーとビオラ …………… 4
- 庭や花だんの草花 …………………………… 6
- 赤・白・黄だけじゃないよ チューリップ ……10
- 球根から育てる草花いろいろ ………………12
- キャベツもカブも… 菜の花の仲間 …………14
- 日本だけでも約20種 タンポポの仲間 ………18
- 野原の草花いろいろ …………………………22
- 春の芽吹き・芽生え …………………………27

初夏〜梅雨

- 野生株は絶滅のおそれ？ アヤメの仲間 ……30
- 花だんの草花いろいろ ………………………32
- ユリの仲間 ……………………………………35
- 見たことあるかな？ ねぎ坊主 ………………36
- じつは日本三大民間薬の1つ ドクダミ ………38
- 踏まれて育つ オオバコ ………………………39
- 野原の草花いろいろ …………………………40
- 毒はないけど味もない ヘビイチゴ …………43
- 初夏の草の実、草のタネいろいろ ……………44
- 虫ができる草？ ムシクサ ……………………46
- 虫こぶいろいろ ………………………………47
- 植物を食べる虫たち …………………………48
  チョウの仲間／ハムシの仲間／カメムシの仲間／その他の昆虫
- いい香りのする草花 …………………………52
  ハーブ／野の草花／桜餅のようなあま〜い香りの草

夏

- 江戸時代、ブームが起きた アサガオ ………56
- じつは回らない ヒマワリ ……………………58
- 花だんに咲く草花 ……………………………60
- グリーンカーテン ……………………………64
- 花の咲く時間 …………………………………66
- 見たことあるかな？ お米の花 ………………68
- 植物みたいだけどちがう 藻類 ………………69
- 水生植物の生えかた …………………………70
  湿生植物／抽水植物／浮葉植物／浮遊植物／沈水植物
- 水辺の草花 ……………………………………72
- 海岸の草花 ……………………………………75
- 野原に咲く草花 ………………………………78

秋

- メキシコからきた秋の花　コスモス …………………………… 82
- イエギクの仲間 ………………………………………………… 84
  - 大菊（おおぎく）／実用的な菊
- 秋のお彼岸（ひがん）に咲く　ヒガンバナ ………………………… 86
- 花だんに咲く草花 ………………………………………………… 87
- 見られたらラッキー！　サツマイモの花 ………………………… 91
- 秋の七草（ななくさ） ……………………………………………… 92
- 花粉症（かふんしょう）の原因（げんいん）じゃないよ　セイタカアワダチソウ …… 94
- おままごとで大活躍（だいかつやく）　イヌタデ ……………………… 95
- 青い色水がとれる　ツユクサ …………………………………… 96
- 野原の草花いろいろ …………………………………………… 97
- 稲刈（いねか）り後の田んぼ …………………………………… 100
- 草の実、草のタネいろいろ …………………………………… 103
- タネを遠くに運ぶワザ ………………………………………… 106
  - 風の力を借（か）りる／水に流される／自分で飛ばす／人や動物にくっつく／雨粒（あまつぶ）とともに跳（は）ねる／アリに運んでもらう

冬

- 花みたいな豪華（ごうか）な葉っぱ　ハボタン ………………… 109
- 冬でも楽しめる草花 …………………………………………… 111
- 春の七草 ………………………………………………………… 113
- ロゼット ………………………………………………………… 115
- 枯（か）れ草だって美しい！ …………………………………… 118

- 花が咲かない植物 ……………………………………………… 120
  - シダ植物／コケ植物
- ちょっと気をつけたい植物 …………………………………… 122
  - トゲに注意！／スズメバチがよくくる！／強い毒がある！
- 観察（かんさつ）する時に気をつけたいこと ………………… 126

索引（さくいん） ……………………………………………………… 128

草木が芽吹き、色とりどりの花であふれる春。暖かい日と寒い日を繰り返しながら、次第に気温が高くなり、生きものも動き出し、野山はふたたびにぎやかになります。

＊気象庁は3月〜5月を春としています。また古い時代に中国でつくられたこよみの「二十四節気」では、立春（2月4日頃）から、立夏（5月4日頃）の前日までが春です。

花だんの主役
パンジーとビオラ

スミレの仲間で、花の大きさから、パンジーとビオラ、2つのタイプがあります。日本名はサンシキスミレ。花が人の顔のように見えることからジンメンソウ（人面草）とも呼ばれます。

パンジー

花はとても大きく、直径5cm以上。

ビオラ

花は直径2cmくらいとコンパクト。パンジーよりも花の数が多い。

パンジーいろいろ

パンジーやビオラの花は、色や模様、かたちがいろいろです。
写真を撮ってコレクションすると楽しいかも！

パンジーの果実、見たことあるかな？

——タネ

果実は熟すと上を向き、3つに開きます。

赤と黒の毛虫！

パンジーのところに赤と黒のトゲトゲ毛虫を見つけたら、それはツマグロヒョウモンというちょうちょの幼虫です。もともと暖かい地域のチョウでしたが、最近は東日本にもたくさんいます。

春

パンジーとビオラ

庭や花だんの草花

庭や花だんにも色とりどりの花が咲き乱れる春。色やかたち、香りなど、五感を使って花を観察してみると、新しい発見があるかもしれませんね。

ノースポールは冬から春にかけての花だんの定番。寒さにとても強く、株いっぱいに白い花を咲かせます。ムルチコーレも同じ仲間で、黄色い花を開きます。

花のかたちは、こいのぼりの竿の先についている矢車そっくり。

ヨーロッパ原産で、もともとは小麦畑に生える雑草でした。穀物のタネとともに世界中に広がり、コーンフラワー（穀物の花）とも呼ばれています。花色は濃い青色のほか、紫や白、ピンクなどもあります。

春

庭や花だんの草花

デージー

日本名はヒナギク。もともとの野生種は花が小さく白色だけでした。現在は品種改良が進んで花も大きくなり、赤やピンクなど、色もいろいろになりました。

> 原産地のヨーロッパでは、芝生に雑草のように生えているんだって。

キンセンカ

ヨーロッパでは「ポットマリーゴールド」ともいって、ハーブとしても栽培されます。花は生のまま、サラダなどに散らして食べることができます。

モモイロタンポポ

タンポポに似ていますが、分類上はタンポポとは別な種類です。タネや苗がときどき売られているので、栽培にチャレンジしてみてはいかがでしょうか。

リビングストーンデージー

茎や葉は分厚くなっていて、乾燥に備えて中に水をためこんでいます。花は太陽の光が当たるといっせいに開きます。

春

春になると、たくさんの花を株いっぱいに咲かせ、「花のじゅうたん」となります。それ以外の季節でも、ちらほらと咲くことがあります。1つひとつの花は、桜のようなかたちをしていて、色はピンク、赤紫色、白色、薄紫色などさまざまです。

シバザクラ

プリムラ・マラコイデス
毒

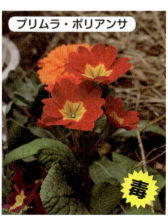
プリムラ・ポリアンサ
毒

庭や花だんの草花

サクラソウの仲間をまとめてプリムラといいます。花がとても美しいため、いろんな種類が鉢や花だんに植えられています。品種改良も盛んに行われていて、毎年新しい品種が誕生しています。

スイートピー

サクラソウの仲間の葉は、肌の弱い人がさわるとかぶれることもあるんだ。最近は、かぶれる成分の入っていない品種（ノン・プリミン系）も出てきているよ。

日本名はジャコウレンリソウ。花は白、ピンク、赤、紫など色が豊富で、たくさん咲くと、甘い香りがただよいます。茎はつるになるので、育てる時は支柱があると便利です。

春

キンギョソウ

まるで金魚のようなかたちの花を咲かせます。蜜を吸いにきたハチが竜にかみつかれたように見えるため、英語でスナップドラゴン（かみつく竜の意味）といいます。

花を指で軽くつまむと口の部分がぱっくりと開くよ。

スイート・アリッサム

日本名はニワナズナ。寒さにとても強いため、冬〜春の花だんによく植えられます。ピンクや赤紫色などの花色もあります。

庭や花だんの草花

アネモネ

ヒナゲシ

ヨーロッパ原産のアネモネが、花だんの花として栽培されるようになったのは、16世紀に入ってから。ギリシア神話にも登場する花で、美少年アドニスが亡くなった時に、「美の神」が流した涙から生えたのがこのアネモネと言い伝えられています。

いわゆるポピーの仲間です。花が美しいことから、歴史上の三大美女のひとり「虞」の名前を当ててグビジンソウ（虞美人草）とも呼ばれています。ヨーロッパでは、野原にたくさん生えていて、身近な野花として親しまれています。

春

赤・白・黄だけじゃないよ
チューリップ

チューリップは、500年以上も人々に愛され続けてきた花です。17世紀にはブームが過熱しすぎて、ヨーロッパの経済が大混乱におちいったこともあります。日本には江戸時代に伝わり、鬱金香とも呼ばれました。

今も大人気のチューリップ。童謡では赤、白、黄色と歌われていますが、さまざまな色やかたちの花が毎年つくりだされていて、今やその品種数は、数千種ともいわれています。

チューリップの名前は、トルコ語でターバンを意味するツルバン（tulband）からきています。花のかたちがターバンに似ているためです。花は太陽が当たると開いて、天気の悪い日や夜は閉じます。

芽生えの姿。葉は少し青みがかった薄緑色。表面はロウを塗ったようになっていて、水を弾きます。

球根は秋に植えます。茶色い皮が多少破れていたり、はがれていたりしても大丈夫。球根の中には、葉や花のもとになる部分がもうできていて、春がくるのをじっと待っています。昔、オランダでは食べものが足りなくなった時、チューリップの球根を食べて飢えをしのいだといわれていますが、多少の毒成分を含むので、あまりおススメはしません。

おしべ
めしべ

たまに子房が大きくふくらんで、果実ができることもあるよ。中にはうすっぺらいタネがびっしりと詰まっているんだ。

花が開いたら上からのぞいてみましょう。普通花びらは6枚、おしべは6本、めしべは1本ですが、八重咲きなどの例外もあります。

花びらが散った後に残るのが子房。のちに果実となる部分です。

子房

チューリップいろいろ

チューリップは花の色やかたちがさまざま。最近はユニークな品種もたくさん登場しています。

春

球根から育てる草花いろいろ

秋に植えた球根も、春には芽を出して花を咲かせます。チューリップやヒヤシンス、クロッカスのほかにも種類はいっぱいあります。最近は、知的好奇心をくすぐるような珍しい種類の球根もたくさん売られているので、ぜひチャレンジしてみましょう。

ヒヤシンス

野生のヒヤシンスは青紫色の花を咲かせます。人々に注目されるようになったのは、18世紀に入ってからで、そこから花色も一気に増えました。日本では江戸時代に渡来し、薄い黄色の花を咲かせるものを「黄水仙」と呼びました。明治時代には「風信子」や「夜光蘭」という呼び名で親しまれました。ちなみに、球根は有毒です。口には入れないようにしてください。

毒

ヒヤシンスやクロッカスは水栽培でも花が咲くよ。花が終わったら、きちんと土に植えてお日様に当てると翌年も楽しめるよ。

クロッカス

黄色いごはん（サフランライス）をつくるサフランと同じ仲間でよく似ていますが、クロッカスには色素が採れる雌しべがなく、花も春に咲きます。

球根から育てる草花いろいろ

12

スズランスイセン

ヨーロッパ原産で、英語ではスノーフレークといいます。春に白くてかわいい花を次々と咲かせます。とても丈夫で野生化しています。

ハナニラ

とても丈夫でよく増えるため、あちこちで野生化しています。葉をもむとニラのような香りがしますが食べられません。

ルリムスカリ

ヨーロッパ原産で、春につく花の穂は、まるでブドウの房のよう。そのためグレープヒヤシンスの別名もあります。とても丈夫で、一度植えると毎年花を咲かせてくれます。

フリージア

南アフリカからはるばるやってきた花なので、寒さはちょっぴり苦手。春の花ですが、温度をうまく調節して咲かせたものが秋から冬にかけて出回っています。

ラナンキュラス

日本名はハナキンポウゲ。田んぼや水辺によく生えるケキツネノボタンやタガラシと同じ仲間ですが、水の多い場所は苦手。育てる時は水のあげすぎに気をつけましょう。

春

球根から育てる草花いろいろ

春

キャベツもカブも…
菜の花の仲間

春の風景を黄色に染める「菜の花」。アブラナ科アブラナ属に分類される植物をまとめた呼び名です。かつて「菜の花」の代名詞といえばアブラナ（別名は在来ナタネなど）でしたが、今はセイヨウアブラナが「菜の花」の代表となっています。

セイヨウアブラナ

ヨーロッパ原産で日本には明治時代に渡来、タネから油（菜種油）をとる目的で栽培されました。キャベツの祖先とカブの祖先が自然に交雑してできた種類です。

葉の根もとは茎を抱きかかえるようにつきます。

菜の花の花のつくり

がく
おしべ
花びら

4枚の黄色い花びらが、漢字の「十」のかたちにつくので、昔はアブラナ科のことを「じゅうじばな科」といいました。

春の土手を真っ黄色に染めるセイヨウアブラナ。花の香りがただよい、ハチやチョウが花から花へと飛び回ります。

果実は細長いツノのようなかたち。この中に黒っぽくて丸い小さなタネがたくさん入っています。

> きれいな花をたくさん咲かせるために……。

春の開花に備えて、冬の間につくった養分を根に蓄えています。カブのようですが、硬くて食べられません。

菜の花といえばモンシロチョウ

モンシロチョウの幼虫は、緑色のいもむしで「青虫」とも呼ばれています。菜の花の仲間の葉を食べて育ちます。

春 / 菜の花の仲間

ほかにもいろいろ菜の花の仲間

アブラナ科アブラナ属の植物の多くは、野菜として利用されています。カブ、キャベツ、ブロッコリー、ハクサイ、カリフラワー、コマツナなどは、すべて菜の花の仲間です。

ピリッと、からい葉は野菜として利用されます。またタネからは香辛料の「からし」がつくられます。タネの色は黄色と茶色があり、黄色いタネができる品種は黄色いマスタードの原料になります。

カブとダイコン、食べる部分はよく似ていますが、花の色がちがいます。カブは菜の花と同じ黄色なのに対して、ダイコンは白やピンク、薄い紫色です。

春

菜の花の仲間

キャベツ

ブロッコリー

キャベツも、収穫しないでそのままにしておくと、春に菜の花そっくりの花が咲きます。ブロッコリーやカリフラワー、ケール、ハボタン……どれもみんなキャベツの仲間です。

ハクサイ

ザーサイ

ハクサイも菜の花そっくりですが、葉は黄色っぽく、花びらはやや丸っこいかたちです。葉が丸くまとまらない品種（山東菜）もあります。

中華料理でおなじみのザーサイは、じつはカラシナの仲間。春に咲く花はカラシナそっくりです。茎の下のほうがふくらんで太くなります。食べているのはこの部分を漬けたものです。

タンポポの仲間

日本だけでも約20種

歩いていると、どこでも目につくのがタンポポ。とても身近でありながら、じつは話のネタがたっぷりある、奥深い花です。知れば知るほど、タンポポの魅力にはまることまちがいなしです。

在来タンポポ（ニホンタンポポ）

日本にもとから自生するタンポポで、地域によって生えている種類がちがいます。一般に外総苞片（俗にがくといわれている部分）は反り返らず、日本の四季にそって春にだけ開花します。

シナノタンポポ

花はとても大きい（直径4cm前後）。

総苞はぶっくりとふくらんで見えます。

【北関東・甲信・北陸】

セイタカタンポポ

外総苞片は総苞全体の半分くらい。

突起あり

【琵琶湖周辺】

オキタンポポ

モウコタンポポ

ヤマザトタンポポ

シロバナタンポポ

白っぽい花を咲かせるタンポポです。もともとの分布は西日本ですが、東日本でもよく見かけるようになりました。

カンサイタンポポ

【関西周辺】

花は小ぶり（直径2～3cm程度）。

外総苞片が短めで、総苞全体の半分以下。

突起なし～小

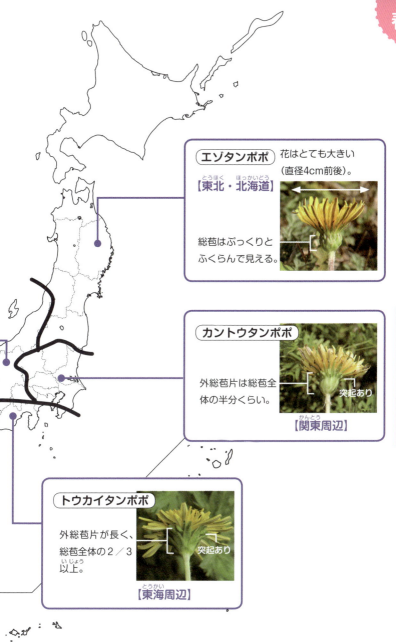

このタンポポマップは、主なタンポポの代表的な分布をあらわしたものです。見やすくするために分布の重なりを省いていますが、実際には分布が重なることも多く、そういう地域では何種類も見られます。また、ここに載せきれない地域限定のタンポポもあります。

春

海外からきた 外来タンポポ

今、日本のタンポポはすっかり少なくなり、代わりに増えているのが海外からやってきたタンポポ（外来タンポポ）です。日本では雑草のイメージが強いタンポポですが、海外では野菜として利用されています。

在来種よりも花の色が濃く、舌状花の数も多め。花粉ができる株と、できない株があります。

外総苞片。普通反り返りますが、例外もあります。

やや黒ずんだ色のものが多く見られます。

タンポポの仲間

身近だけど正体不明な外来タンポポ

タンポポは海外では数千種類もあり、どれもとてもよく似て見分けが大変です。日本では外来のタンポポはタネの色からセイヨウタンポポ（薄茶色）とアカミタンポポ（赤っぽい色）の2種類が区別されていますが、じつは日本にどの種類が入ってきているのか、何種類入ってきているのかまったくわかっていません。さらに最近は、日本のタンポポとの間で交雑が進んでいるといい、身近なタンポポの正体の謎はますます深まるばかりです。

アカミタンポポ類

春

綿毛はぬれると閉じます。

冠毛（わたげ）

痩果
タネの本体。上のほうはトゲトゲです。

花の後、茎は一度横に倒れます。中のタネが熟してくると、茎は立ち上がりながらぐんぐん上にのびていきます。

つぼみ

タンポポの仲間

英語でダンデライオン

ダンデライオンは「ライオンの歯」のこと。ライオンの歯のようにギザギザとした葉をつけることからそういいます。

ゴボウのように太くて長い根があります。

野原の草花いろいろ

枯れ草の目立った野原も、春になると草木が芽吹き、花が咲き、虫たちが活動をはじめて一気ににぎやかになります。散歩道でも、たくさんの種類の花を観察することができます。立ち止まって、野の花を観察してみませんか。

ノゲシ

春の花がよく目立つことからハルノノゲシともいいますが、実際は1年じゅう咲いています。大都会のど真ん中にも生えるほど丈夫です。

オオジシバリ

少し湿った野原やあぜ道に群れて咲きます。茎は地面をはい、節々から根を下ろして、横にどんどん広がっていきます。

ハルジオン

もともとは庭で育てる花として、北アメリカからやってきましたが、タネやちぎれた根からよく増える上に、除草剤に耐える力も身につけ、今や「しぶとい雑草」として君臨しています。

花の下の部分を指でつまんで爪でピンと弾いてみよう！ うまくいくと花が勢いよく飛んでいくよ。

オニタビラコ

春に太い茎がのびて、その先に小さなタンポポのような花を咲かせます。茎や葉は毛深くて赤っぽい色をしているのでアカオニタビラコともいいます。

道ばたや街の中に生えるオニタビラコは、少し雰囲気がちがうよ。葉が青緑色だからアオオニタビラコということもあるんだ。

オオイヌノフグリ

オオイヌノフグリの花びらは、めしべに花粉がつくとすぐに取れてしまう。せっかく花をつんでも、すぐにみんな散ってしまうので、ガッカリ……。

イヌノフグリ

春の野でおなじみの青い花ですが、じつは外来種で江戸時代より前には見られませんでした。
もともと日本には小さな桃色の花を咲かせるイヌノフグリがありましたが、今では珍しくなってしまい、環境省レッドリストで準絶滅危惧になっています。

※準絶滅危惧…このままだと、本当の絶滅危惧種になってしまうというもの。

野原の草花いろいろ

春

野原の草花いろいろ

ホトケノザ

陽だまりでは寒い頃から咲きますが、本格的な花のシーズンは春。赤紫色のじゅうたんができるほどです。花を抜いて、根元を吸うと蜜の甘みを感じることができます。

ヒメオドリコソウ

ヨーロッパからきた外来種で、日本で見られるようになったのは明治時代になってから。クリスマスツリーのような姿で、上のほうの葉は紫がかった色をしています。

カキドオシ

花の後、茎は勢いよく一気にのびるため、垣根をも通してしまうようだとして、垣通しの名がつきました。葉に強い香りがあります。

トキワハゼ

ムラサキサギゴケ

トキワハゼとムラサキサギゴケはよく似ていて、一緒に生えていることもあります。ムラサキサギゴケは茎が地面をはいながら広がっていきますが、トキワハゼはそれがありません。

春

カラスノエンドウ

葉の先は巻きひげになっていて、これであちこちにつかまって体を支えています。

巻きひげ

スズメノエンドウ

名前のカラスは、果実が熟すとカラスのように真っ黒になることからきています。いっしょによく生えているスズメノエンドウも同じ仲間ですが、全体的に小さいので、カラスに対してスズメと名がつきました。どちらも果実が熟すとパチンと音を立てて弾けます。

ナガミヒナゲシ

ヨーロッパからやってきたオレンジ色のポピーです。今でこそありふれた草ですが、急に目立つようになったのは2000年以降。1つの果実の中に、砂のように細かいタネがてんこ盛りに入っているため、ものすごい勢いで増えていきます。

春にとてもきれいな赤紫色の花を咲かせますが、茎や葉をちぎると嫌なにおいがします。果実は熟すとパチンと弾け、タネをまき散らします。またタネにアリの好物がついていて、アリによってさらにあちこちへと運ばれていきます。

ムラサキケマン

毒

野原の草花いろいろ

25

春

野原の草花いろいろ

タガラシ 毒

水辺にたくさん生えていて、茎や葉はみずみずしくて、太陽に当たると光って見えます。かじると辛いため「田辛し」とされますが、有毒なため味見は厳禁です。

タネツケバナ

水辺にたくさん生えていて、春になるといっせいに白い花を咲かせます。ナズナに似ていますが、果実は棒のようで、かたちがちがいます。茎や葉は食べられます。

葉が鳥の爪のように見えるから、爪草という名前がついたのよ！

ツメクサ

道ばたや庭の隅、植木鉢の中など、身近な場所にたくさん生えている小さな草です。乾燥する街中では海から離れた場所でも、ハマツメクサという海岸に生えて乾燥に強い種類のほうが目立つこともあります。

オランダミミナグサ

ヨーロッパ原産で、今はどこにでも生えています。葉は毛が多くて肌触りはもこもこ、冬は霜がよくつきます。名前のミミは、葉をネズミの耳に見立ててつけられたものです。

オランダミミナグサの葉 ——
ホトケノザの葉 ——

春の芽吹き・芽生え

草木がいっせいに芽吹き、土の中で眠っていたタネも発芽する春。新芽は花と比べると地味ですが、綿毛をかぶっていたり、赤っぽい色をしていたり、かたちが個性的だったりと、観察するとおもしろいものです。タネからの芽生えも、よく見ると小さいながらも個性豊かです。

いずれも生まれたばかりの赤ちゃんと同じで、とてもデリケートなので、観察する時はやさしく扱ってくださいね。

ヨモギ

ふわふわの白い綿毛に包まれたヨモギの新芽。とても柔らかくてよい香りがするため、山菜として人気があります。草餅の材料としてもおなじみです。ちなみに古くは、草餅には春の七草の1つハハコグサを使ったといわれます。

フキ（ふきのとう）

春の味覚の定番で、ほろ苦いオトナの味が魅力のふきのとう。その正体はフキの若い花芽です。摘まないでそのままにしておくと大きく膨らんで開き、白っぽい花が顔を出します。

フキは雌雄別株なので、ふきのとうにも雄と雌があります。

雄花

雌花

芽吹きいろいろ

いわゆる「つる草」の多くは、春に地面から勢いよくつるをのばします。あっという間に数十cmにものび、その成長の早さには驚かされます。

地中の根茎で冬越しする植物の中には、春の芽吹きの時、まるで「角」のようなかたちの芽をのばしてくることもあります。
みなさんも野山を歩きながら、地面からにょきっと生えてくる「角」を探してみましょう。

春の芽吹きの色やかたちが個性的なものは、まだまだたくさんあります。特におもしろいのはヤブレガサ。名前は破れた傘の意味ですが、新芽のかたちを見るとなるほどなっとくです。

芽生えいろいろ

春、氷や雪が融けて地面が暖かくなってくると、土の中で眠っていたタネも芽を出しはじめます。芽生えはとても小さなものですが、そのかたちも種類によってさまざまです。一般に芽生えの時、最初の子葉が2枚（ふたば）のものを「双子葉類」、子葉が1枚だけのものを「単子葉類」といいます（ただし例外もあります）。

初夏〜梅雨

ゴールデンウィークが終わると、春の花畑も一段落。草木はさらに茂り緑も濃くなります。まるで夏を先取りしたかのような暑さの日もあり、半袖で過ごす時間も長くなります。そのことから、5〜6月頃のことを初夏とも呼びます。やがて天気図に梅雨前線が登場し、日本列島はゆううつな雨が続く梅雨の季節を迎えます。沖縄では5月中旬頃、本州、四国、九州は6月上旬頃に梅雨入りとなることが多いものです。北海道には梅雨はありません。

野生株は絶滅のおそれ？
アヤメの仲間

アヤメ、カキツバタ、ノハナショウブ……。美しい青紫色の花を咲かせるため、公園などにも植えられます。しかもこの3種は外来種ではなく、日本の草花。ただ生育環境の悪化から、野生のものはぐんと少なくなってしまいました。

下に垂れる花びらには、網目模様があります。

アヤメ

タネ

アヤメの果実は成熟すると3つに割れて、中から平べったいタネがこぼれ落ちます。

アヤメは日本の初夏を代表する野の花で、日当たりのよい乾いた草原に生えます。白い花を咲かせる品種シロアヤメもあります。

シロアヤメ

初夏〜梅雨

カキツバタ / 白色

ノハナショウブ / 黄色

カキツバタとノハナショウブは水辺で育ち、5〜7月頃に開花します。下に垂れる花びらにはアヤメのような網目模様はなく、細長い逆三角形の斑があります。この斑の色が白色ならばカキツバタ、黄色ならばノハナショウブです。

ハナショウブ

> 野生種のノハナショウブからつくり出された園芸種です。古くから日本人に親しまれてきた水辺の花ですが、江戸時代になると一大ブームが到来。花の色やかたちのバリエーションが増え、各地に「花しょうぶ園」もつくられました。

アヤメの仲間

キショウブ

黄色い花を咲かせるため、yellow flag（黄色い旗）とも呼ばれます。ヨーロッパからきた外来種で、ちぎれた根茎でどんどん増えていくため、あちこちの水辺で野生化しています。

初夏〜梅雨

花だんの草花いろいろ

色とりどりに咲き乱れた春の花も一段落し、小休止となるのが初夏の花だんです。でも殺風景になるわけではありません。初夏には初夏の花がちゃんと咲いています。

タチアオイ

タチアオイの花が咲きはじめると梅雨に入り、咲ききる頃には梅雨が明け、夏本番になるというよ。

大人の背丈以上にもなる草で、直径10cmほどの大きな花をたくさん咲かせます。ホリホックとも呼ばれています。

カーネーション

グラジオラス

母の日に贈る花の定番。母の日の花となったのは20世紀に入ってからですが、栽培の歴史はとても古く、古代ギリシアの時代からあったといいます。

花の穂がまっすぐと上にのび、晴れた日の青空によく映えます。葉も剣のようなかたちでしゅっとまっすぐのびます。白、ピンク、黄色、紫、赤など、花色のバリエーションも豊富です。

初夏～梅雨

ハクチョウソウ

名前のとおり、白鳥が空を飛んでいるような姿の花をたくさん咲かせます。花の色は白っぽいものが普通ですが、最近は濃いピンク色のものも登場しています。

キツネノテブクロ

毒

ジギタリスの名前で有名な花ですが、猛毒なので絶対に口にしてはいけません。ただし「毒と薬は紙一重」。心臓の薬として医療現場ではとても役に立っています。

フウリンソウ

花　　果実

お店ではカンパニュラの名前で売られていることもあります。日本の野山に自生するホタルブクロと同じ仲間で、釣鐘や風鈴のようなかたちの花を咲かせます。花の後にできる果実もユニークなかたちをしているので見どころの1つです。

ムラサキツユクサ

北アメリカからやってきたとても丈夫な草で、昔から理科の実験教材としてよく使われています。
いくつかの種類を交配してつくられた園芸品種もあり、白やピンクなど花色が豊富です。

花だんの草花いろいろ

初夏〜梅雨

アリウム・ギガンチウム

日本名はオオハナニラです。ネギやニンニク、ニラと同じ仲間ですが、食べられません。見どころは赤紫色の巨大な「ねぎ坊主」です。

ジャーマンアイリス

花色のバリエーションがとても豊富です。下に垂れる花びらに、ひげのようなもじゃもじゃとした毛が生えていることから、海外ではベアテッドアイリス（ヒゲのアイリス）と呼ばれています。育てる時は日当たりがよく乾燥した場所に植えます。

シラン

紫の蘭と書いて紫蘭（シラン）だけど、白い花を咲かせる株もあるよ！

湿った場所に自生する日本原産のランです。花が美しいのはもちろん、気難しい種類が多いランの中では珍しく丈夫で、放っておいても元気に育つことから、庭や公園によく栽培されています。

初夏〜梅雨

ユリの仲間

初夏はユリの季節でもあります。その花の美しさから、万葉の時代から愛されてきました。ただ、人々がユリを育てるようになったきっかけは、花を見るというよりは、球根を薬として使うためだったようです。品種改良がはじまったのは、江戸時代の中頃で、以降現代にいたるまで数えきれないほどの多彩な園芸品種が誕生しています。ヤマユリやコオニユリなどの球根は「ゆり根」とも呼ばれ、食用に栽培されています。

初夏〜梅雨

見たことあるかな？
ねぎ坊主

初夏の畑で元気に顔を出す「ねぎ坊主」。その正体はネギの花です。茎の先につぼみができたら、まんまるねぎ坊主の誕生はもうすぐです。

小さな花がたくさん集まって、1つの丸い花のかたまりになったものが「ねぎ坊主」です。

紙を丸めて筒をつくるのと同じように、葉が丸まって左端と右端がつながり、筒状になったのがネギの葉。外から見えているのは全部ウラ面です。

成熟した果実。3つに割れて、中の黒いタネが顔を出す。

つぼみは「苞」に包まれています。

畑でいっせいに咲いた長ネギの花。これだけ数があると迫力がありますね。

初夏〜梅雨

いろいろなねぎ坊主

「ねぎ坊主」の代表といえば長ネギですが、ネギの仲間はとても種類が多く、「ねぎ坊主」の顔も種類ごとに個性があります。

ヤグラネギ

「ねぎ坊主」の部分に花が咲かず、代わりに子株ができる品種です。子株をちぎって土に埋めると、増やすことができます。

タマネギ

ニンニク

リーキ（ポロネギ）

タマネギやニンニクも分類上はネギの仲間。そのため初夏に「ねぎ坊主」を出すことがあります。ただ開花率が悪く、見られたらかなりラッキーです。リーキはヨーロッパで栽培されるネギの一種で、ネギ特有のにおいや辛味は弱く、煮込み料理に使われます。

初夏〜梅雨

じつは日本三大民間薬の1つ

ドクダミ

6〜7月頃、ジメジメとした薄暗い場所がドクダミの白い花で彩られます。イヤなにおいがしてはびこるので嫌われ者ですが、その一方で、古くから「万能薬」ともてはやされ、大切にされてきました。今でもゲンノショウコやセンブリと並ぶ日本三大民間薬の1つといわれ、健康茶の原料として人気があります。

ドクダミの花はおしべとめしべだけ。花びらやがくはなく、とてもシンプルなつくりです。

本当の花 めしべ おしべ

白い花びらのような部分は、花びらではなく、苞葉と呼ばれる葉のようなものです。

葉はハート形。ちぎると鼻を突くような強烈なにおいです。

花が終わった後にできる果実の穂。果実にある3本の角のようなものは、柱頭（めしべの先端部分）の名残。

果実の中には砂粒のようなタネがたくさん詰まっています。

初夏～梅雨

踏まれて育つ
オオバコ

人や車がよく通り、土が踏み固められたような場所に生えるのがオオバコです。こういった場所はほかの植物があまり育ちません。オオバコはわざとそういう場所に進出、自分の場所を確保して生き残る方法を選んだのです。結果、人里ならどこでも普通に見られる草となり、作戦成功だったといえます。

花　雌花の時期　雄花の時期
柱頭　雄しべ　花びら

果実

タネ
ふた

果実は熟すと「ふた」が取れ、中から4個ほどのタネがこぼれます。タネはぬれるとベタベタし、靴の裏やタイヤにくっつき、あちこち運ばれていきます。

花の穂は春～秋の長い期間見られます。花は下から上に向かって咲き進み、まず雌しべが顔を出した後、少し遅れて雄しべと薄茶色の花びらが出てきます。

葉は大きくて柔らかいものの、何本もの硬い筋が通っています。踏まれても簡単には折れないようになっています。

オオバコ相撲。茎をからめて引っ張り合い、ちぎれてしまったほうが負け。

初夏〜梅雨
野原の草花いろいろ

草木がすくすくと成長し、草刈りしてもあっという間に元通りになってしまう初夏。虫の数も種類も多くなり、虫捕り網の出番も増えてきますね。もちろん虫も楽しいのですが、ちょっと足を止めて、野山にひっそりと咲く花も探してみてください。

ホタルブクロ

6〜7月頃の里山で、釣鐘型の花を下向きに咲かせます。チョウチンバナ、トックリバナ、アメフリバナなど、各地でさまざまな呼び名が伝えられています。

タケニグサ

毒

茎や葉をちぎるとオレンジ色の汁が出てきますが、これは有毒です。日本では雑草ですが、ヨーロッパではガーデニング用の素材として人気があります。

オカトラノオ

林の縁や野原に生え、花の穂はゆるやかに曲がります。また葉のつけ根が赤く色づきます。名前は花の穂をトラのしっぽに見立てたものです。

花には花びらはないよ。たくさんの雄しべが白いポンポンのように見えるんだ。

初夏～梅雨

ムラサキカタバミ

赤紫色の美しい花を楽しむため、江戸時代に南アメリカから導入された庭の花です。しかし株もとに小さな球根がたくさんでき、これが散らばって際限なく増えていきます。今ではあまり栽培されなくなり、雑草としてはびこっています。

チドメグサ

花

苔が生えるような薄暗くてジメジメとした場所に生え、地面をはうように広がっていきます。花は初夏から秋にかけて咲きますが、1つの花の直径が1mmあるかどうか、とても小さいため見過ごされがちです。

名前は「血を止める草」だけど、葉を絆創膏代わりに使うのはやめようね。効果があるかあやしいし、傷口に雑菌をつけてしまうかも……。

シロツメクサ

アカツメクサ

シロツメクサ、アカツメクサともにヨーロッパ原産で、牧草としてもよく利用されています。江戸時代、オランダから送られてきたガラスの器が割れないようにするため、乾燥したシロツメクサが敷き詰められていたため、「詰め草」と呼ばれるようになりました。英語名はクローバーです。

野原の草花いろいろ

初夏〜梅雨

花は日光が当たるといっせいに開きます。北アメリカからやってきて、かわいい花を楽しむために栽培されてきましたが、タネでよく増えるため、あちこちで野生化しています。白っぽい花を咲かせる株もあります。

ニワゼキショウ

日当たりのよい場所に生える「身近なラン」で、特に芝生が大好きです。花のつきかたが特徴的で、ぐるぐるとねじれるような姿をしています。巻きかたに決まりはなく、右巻き、左巻きともに存在します。

ネジバナ

カラスビシャク

果実

古くは半夏（ハンゲ）とも呼ばれました。雑節の半夏生（7月2日頃）は、半夏つまりカラスビシャクの生える頃という意味です。花は穂になってつきますが、「苞」に包まれているため、外から直接見ることはできません。果実はたまに見られる程度です。

全体にネギと同じ香りがあります。地中に白くて丸い部分があり、生のまま味噌をつけて食べるととても美味です。初夏につぼみのついた茎がのびてきますが、多くは花が開かないまま「むかご」をつくって枯れてしまいます。このむかごで繁殖します。たまに薄紫色の花が開くことがあります。

ノビル

野原の草花いろいろ

初夏〜梅雨

毒はないけど味もない
ヘビイチゴ

初夏の野原で目につく真っ赤なヘビイチゴ。毒はありませんが、口に入れても味がなく、スポンジをかんでいるようでまずいため、誰も食べようとはしません。名前の由来も、「こんなまずいのはヘビが食べるイチゴだ！」ということからきています。

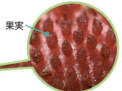

果実

イチゴの表面にある粒の1つひとつが本当の果実。1つの果実の中にタネが1個入ります。

イチゴは真っ赤に色づきます。イチゴの部分は「花托」と呼ばれる部分がふくらんだもので、果実ではありません。

花の真ん中の丸い部分がふくらんで「イチゴ」になります。

茎は地面をはうようにしてのびていきます。

初夏〜梅雨

初夏の草の実、草のタネいろいろ

木の実・草の実というと、秋を連想するかもしれませんが、じつは初夏も観察に適しています。ちょうど春に咲いた花が実を結ぶためです。地味なものが多いですが、「この植物にこんな果実ができるんだ！」という、発見の楽しさを味わうことができます。

果実

オヤブジラミ

湿った場所に生え、春に小さな白い花を咲かせます。果実は、かぎ爪状になったトゲがびっしりと生え、洋服にくっつきます。名前はこの姿をシラミに見立てたものです。

ヤエムグラ

トゲは、先がくるんと巻いていて、洋服の繊維や動物の体毛に引っかかります。

道ばたや野原にたくさん生えます。茎は1m近くにのびますが、やわらかくてあちこちにもたれかかります。花は春に咲くものの小さくて黄緑色で目立ちません。

茎や葉はザラザラしていて、服につけるとよくくっつくよ。胸元にくっつけて勲章にして遊ぶことができるよ！

初夏〜梅雨

コナスビ

クロタネソウ

名前のとおり小さなナスのようなかたちの果実ができます。ただ、葉の陰に隠れるようにしてつくため、裏返して確認しないとその存在には気づきにくいものです。

ニゲラの名前で春花だんの花として栽培されます。果実のかたちがおもしろく、乾燥させると長持ちするためドライフラワーとして使えます。

ケカキネガラシ

ガーデンシクラメン

冬の花として人気のシクラメン。花後、茎は倒れ、葉陰でひっそりと実を結びます。果実はまんまるで、大量の細かいタネが入っています。

果実は細長いかたちですが、茎にぴったりと密着するようにつきます。

キンギョソウ

キンギョソウの果実がタネをこぼした後の残骸は、見る角度によってはまるで「どくろ」のよう。

初夏の草の実、草のタネいろいろ

初夏〜梅雨

虫ができる草？
ムシクサ

丸くぷっくりとした「果実」ができたけど、中から出てきたのはタネではなく虫？ 何とも不思議な植物ですが、じつは珍しいものではなく、身近な水辺に普通に生えています。

春、葉わきに白い花が咲きます。

肉厚でみずみずしい葉。細長いかたちで、縁にギザギザがあることも。

ムシクサツボミタマフシ

ぷっくりとふくらんだものは果実ではなく「虫こぶ」と呼ばれるもの。

ゾウムシの仲間がつぼみに産卵した結果、丸く変形したもので、5〜6月頃にたくさん見られます。ゾウムシの幼虫はこの中で育ち、成虫になると穴をあけて外へと飛び出します。

本当の果実は平べったいハート形。熟すとぱかっと開いて、中から小さなタネがいくつもこぼれ落ちます。

本当の果実

初夏〜梅雨

虫こぶいろいろ

虫が植物に産卵すると、それがきっかけとなって、植物体の一部が変形して、「虫こぶ（虫えい）」になります。虫こぶにもたくさんの種類があり、それぞれ名前があります。ゾウムシの仲間、ガの仲間、ハエの仲間などを中心に、さまざまな種類の虫が虫こぶをつくります。どの虫がどの植物にどんなかたちの虫こぶをつくるかは決まっています。

> 「虫こぶ」は、虫のゆりかご。幼虫はこの中で、外敵に襲われる心配もなく、安心して育つことができるよ。ゆりかごがそのまま幼虫のごはんにもなるから、食べものにも困らないんだ。

ツリフネソウハオレタマゴフシ

ツリフネソウの仲間の葉にでき、鮮やかな赤色が美しい虫こぶ。ツリフネソウコブアブラムシによってつくられます。

ヨモギクキワタフシ

ヨモギの茎にできる白い綿のような虫こぶで、ヨモギワタタマバエによってつくられます。

イノコヅチクキマルズイフシ

イノコヅチウロコタマバエがつくった虫こぶ。イノコヅチ類の茎は、もともと節がふくらむ性質がありますが、虫こぶでふくらんだ時は不規則に丸くなり、虫が出た後の穴が見られることもあります。

ヘクソカズラツボミマルフシ

ヘクソカズラのつぼみにできた虫こぶで、タマバエの一種のしわざ。虫こぶになったつぼみは、いびつなかたちで、いつまでたっても咲きません。

初夏〜梅雨

植物を食べる虫たち

主に植物を食べる虫を草食昆虫といいます。より好みせず何でも食べる虫もいますが、普通は特定の種類の植物を好んで食べています。ここでは、主な草食昆虫と食べる植物（食草）の関係をいくつか紹介します。ここで紹介する食草は一例で、同じ仲間の植物など、何種類もの植物に手を出す虫もたくさんいます。

チョウの仲間

幼虫はいわゆる芋虫・毛虫。植物の葉をもりもりと食べて大きく育ちます。成虫は飛びまわって、花の蜜や樹液などを吸っています。

ヤマトシジミ

食草 カタバミ

ヒメアカタテハ

食草 ヨモギ

キアゲハ

食草 ニンジン

初夏〜梅雨

モンキチョウ

食草 シロツメクサ

ハムシの仲間

ハムシは葉虫、文字通り植物の葉を食べる虫です。その種類はとても多く、種類によって食べる植物が異なります。害虫として嫌われがちですが、体は美しく、「野原の宝石」です。

イタドリハムシ

食草 イタドリ

キバラルリクビホソハムシ

食草 ツユクサ

カタクリハムシ

食草 ユリの仲間

植物を食べる虫たち

初夏～梅雨

クロウリハムシ

食草 カラスウリ

瓜葉虫の名のとおり、普通はウリ科の植物の葉を食べますが、ナデシコやキキョウなども大好き。丸坊主にする勢いで食べつくします。

カメムシの仲間

カメムシの仲間の多くは、植物の汁を吸ってくらしています。カメムシも、種類によって好む植物がちがいます。

ナガメ

食草 カラシナ

アカスジカメムシ

食草 ヤブジラミ

植物を食べる虫たち

初夏～梅雨

ホオズキカメムシ

食草 トマト

ジャガイモ、ピーマンなど、ナス科野菜が大好き。茎にびっしりと群がって汁を吸いつくし、野菜苗を弱らせてしまうため、害虫として嫌われています。

その他の昆虫

ニジュウヤホシテントウ

草食のテントウムシ。ナス科の植物の葉を食べるため、ナスやトマト、ジャガイモなどの害虫として嫌われています。

マメコガネ

さまざまな種類の植物に群がって、葉を食べつくします。海外ではジャパニーズビートルと呼ばれ、日本発の外来生物として嫌われています。

オンブバッタ

バッタの仲間はイネ科の植物が大好き。だけどオンブバッタは、イネ科に限らず、いろんな植物の葉を食べます。

ヤブキリの幼虫

ヤブキリは身近なキリギリス。成虫は肉食ですが、幼虫のうちは草食で、タンポポの花の上に乗って花粉を食べている姿をよく見かけます。

初夏～梅雨
いい香りのする草花

晴れて蒸し暑い日、草むらを通ると、むわっと立ちのぼる青臭い空気を感じることがあります。これが「草いきれ」で、植物のにおい成分と、葉から蒸散された水蒸気が混じったものです。植物がつくりだすにおい成分はとても種類が多く、中にはわたしたち人間にとって、とてもここちよく、役に立つものもあります。人々にとって有益な野生植物を総称したものが「ハーブ」で、香りの植物もハーブとして利用されています。

ハーブ

カミツレ

花の真ん中の黄色く盛り上がった部分を、指でつまんでかいでみよう。

別名ジャーマンカモミール。カモミールティーは、乾燥させた花からつくられます。

ローズマリー

葉の香りは芳香剤や入浴剤などでもおなじみ。あまり知られていませんが、マンネンロウの日本名があります。厳密にいうと草ではなく、背の低い樹木です。

スイートバジル

オレガノ

バジルもオレガノも、トマトとの相性が抜群なため、イタリア料理には欠かせないハーブです。バジルのタネは水を吸うと寒天質のものでふくらむためデザートに使われます。

初夏〜梅雨

いい香りのする草花

ラベンダー

定番中の定番といえるハーブで、園芸品種もたくさんあります。代表的なものの花はさわやかな青紫色でラベンダー色とも呼ばれています。厳密にいうと草ではなく背の低い樹木です。

レモンバーム

日本名はセイヨウヤマハッカ。葉にはレモンのような強い香りがあります。夏に白い花をまばらに咲かせます。

カレープラント　**ペパーミント**　**アップルミント**

葉を軽くつまんでにおいをかぐと、まるでカレー粉のような香りがします。

ミントの仲間は種類がとても豊富です。香りも品種によって異なりますが、どれもスースーと鼻にぬけるような爽快感があります。品種名の多くは○○ミントで、○○の中には香りのタイプが入る種類も目立ちます。例としてパイナップル、オレンジ、オーデコロン、チョコ、バナナなどがあります。

初夏〜梅雨
野の草花

いい香りのする草花

ハッカ

アリタソウ

スースーする香り

ハッカは水辺に自生する「日本のミント」で、香りはペパーミントに比べるとマイルドです。アリタソウは荒れ地に生え、ミントとはまったく別な種類ですが、葉の香りはミントにそっくりです。

キュウリグサ

きゅうりのにおい

ワレモコウ

スイカのにおい

ウシクグ

レモンのにおい

身近な野草の中には、においに特徴があるものもたくさんあります。思わず顔をしかめてしまうような悪臭だけではなく、とてもよい香りがするものもあります。においを確かめる時のコツは、軽くもんでからかぐことです。

初夏～梅雨

ナギナタコウジュ

シソのにおい

山地の道ばたによく生えていて、秋に「なぎなた」のようなかたちの花の穂を出します。全体にシソの香りがあり、この香りは枯れ草になった後もずっと残ります。

ベニバナボロギク

シュンギクのにおい

森林伐採や山火事の後に突然大発生する、ふしぎな草です。「南洋春菊」とも呼ばれ、新芽を食用にする国もあります。

桜餅のような あま～い香りの草

ハルガヤ

ヒヨドリバナ

シナガワハギ

元気な状態だと「ただの葉っぱのにおい」だけなのに、葉がしおれて乾いてくると桜餅のような甘い香りを出すものがあります。植物の中に含まれるクマリンという成分によるものです。この性質を持つ植物はたくさんありますが、ここでは代表的なものを紹介します。

いい香りのする草花

江戸時代、ブームが起きた
アサガオ

アサガオが日本に渡来したのは奈良時代のこと。当時は薬草だったようです。それが江戸時代に入ってから鉢花として脚光を浴び、庶民の間で一大ブームが巻き起こりました。ブームは落ち着きましたが、今でも夏を代表する花として人気があります。

花はラッパのようなかたちです。野生種は薄い青色ですが、栽培されるようになってから花色のバリエーションが増えました。近年は薄い黄色も出てきています。

がくは、しゅっとまっすぐのびて先がとがります。

葉はフォークのように3つにさけることが多いですが、品種によって微妙にかたちがちがいます。斑が入ることもあります。

「朝の顔」と書くとおり、花は朝に開いて、日が昇る頃に閉じてしまいます。しかし品種改良によって、昼頃まで花を楽しめる品種も増えてきています。

朝の様子

昼の様子

果実。この中にタネが数個入っています。

がくは果実が成熟するまで残ります。

タネ。牽牛子の名で薬用に使われます。ただし、作用がとても強いので、家庭での利用は危険です。

芽生え。アサガオのふたばは明るい黄緑色で、切れこみが入ります。

変化朝顔

江戸時代のアサガオブームを盛り上げたのが「変化朝顔」です。変化朝顔は、花や葉がユニークなかたちに変化したもので、同じ種類とは思えないくらい個性的な姿になった品種もあります。新しく珍しい変化朝顔を追い求める人が続出し、多くの品種が生み出されました。専用の図譜もつくられたほどです。

夏

じつは回らない
ヒマワリ

アサガオとともに夏を代表する花です。太陽に向かって咲き、太陽を追いかけて回る……イメージがありますが、残念ながら太陽とともには動きません。それでも、大きな花は太陽のようにわたしたちをやさしく見守ってくれています。

頭花 数百個もの小さな花が集まって、1つの大きな花のようになっています。

筒状花の集まり 真ん中にある茶色く丸い部分は、たくさんの「とても小さな花（筒状花）」がびっしりと並んだもの。

舌状花 外側の花びらのような部分も、じつは1枚1枚が1つの花。

つぼみもまるで緑色の花のよう。

茎は見上げるような高さにまで成長し、その先に1輪の大きな花を咲かせます。英語名はサンフラワー（sun flower）。花を太陽に見立ててつけられたものです。

夏

上から見るとそれぞれの葉があまり重なりあわないようなつきかたになっています。これは全部の葉に日光がちゃんと当たるようにするためのヒマワリの工夫です。

花は咲き終わると下を向き、しょんぼりしたような姿になります。でもこれは元気がないわけではなく、タネをつくっている最中なのです。タネは黒い縦じま模様が入ることが多いのですが、模様の入りかたには個性があります。

ヒマワリ

いろいろなヒマワリ

ヤエヒマワリ

手のひらサイズのヒマワリ

58ページに載せたヒマワリは教科書的な姿ですが、品種改良が進んで、いろんなヒマワリが登場しています。花も黄色だけではなく、橙色、茶色、白色などと色のバリエーションが増え、ヤエヒマワリという八重咲きのものも栽培されています。また最近は、手のひらサイズで花が咲くコンパクトな品種もあります。

花だんに咲く草花

ギラギラと照りつける太陽、連日のうだるような暑さ。花だんでは、そんな厳しい夏の暑さにも負けずに元気に咲く、草花たちの健気でたくましい姿を見ることができます。

ポーチュラカ

夏の畑ではびこるスベリヒユと同じ仲間で、日本名はハナスベリヒユです。猛暑や直射日光をものともせず、炎天下で何日も水をあげなくともしおれないほど丈夫ですが、寒さは苦手です。

江戸時代から栽培されている夏の花です。日照りが続いて土がカラッカラに乾いても平気なことから、ヒデリソウとも呼ばれます。花びらの枚数が多くて豪華な八重咲きもあります。

マツバボタン

ポーチュラカやマツバボタンもりっぱな多肉植物。茎や葉が分厚くなっていて、中に水分をたっぷり蓄えているの。だから乾燥にとっても強いのよ。

ニチニチソウ 毒

花の咲き終わったニチニチソウを見つけたら果実を探してみよう。Vサインのようなかたちをしているよ！

熱帯植物なので夏の暑さにはとても強く、毎日のように花を咲かせ続けます。名前は「草」ですが、本当は小さな樹木です。ただ寒さに弱いため、日本で冬越しさせるのは大変です。

インパチェンス 毒

ホウセンカの果実を見つけたら、軽くさわってみよう。パチンと勢いよく弾けて、中のタネが飛び散るよ。

ホウセンカ 毒

インパチェンスにはアフリカホウセンカという日本名がつけられていて、じつはインパチェンスとホウセンカは同じ仲間です。ホウセンカは江戸時代から栽培されてきた歴史ある植物で、かつては花の色水で爪を染めたことからツマベニ（ツマは爪のこと）とも呼ばれます。

夏

ヒャクニチソウ

花がなかなか色あせないでとても長持ちすることから、「百日も咲く草」という意味があります。ホソバヒャクニチソウ、メキシコヒャクニチソウなど何種類か栽培され、最近はこれらの交配種もよく見かけます。

> ヒャクニチソウもヒマワリと同じで、小さな花がたくさん集まって、1つの大きな花のようになっています。

舌状花
外側の花びらのようなものは1枚で「1つの花」。

筒状花
花の真ん中にある星のような部分。1つの星が「1つの花」に相当。

コリウス

カラフルな葉を楽しむ草で、暑さにとても強いことから夏花だんの定番です。葉に比べると地味ですが、茎の先に薄い青色の花の穂をつけます。

センニチコウ / 夏の様子

冬の様子

漢字で書くと千日紅。さすがに1000日はもちませんが、穂の色は花が咲き終わった後もそのまま、冬まで残ります。ドライフラワーにするとより長く楽しめます。

花だんに咲く草花

夏

花だんに咲く草花

ツクバネアサガオ

果実は5枚のがくに包まれて、羽根つきの羽根のように見えます。

ペチュニアともいいます。花のかたちからアサガオとつきますが、ナス科の植物です。花色のバリエーションがとても豊富で、黄緑色や黒色、茶色なども含め、ほぼすべての花色がそろっています。

マリーゴールド

トレニア

スミレとはちがう種類ですが、どことなく花の感じが似ていることからナツスミレとも呼ばれます。赤紫色や白色などの花色もあります。

昔からの定番種で、花だんによく植えられます。ダイコンを傷める害虫のセンチュウをやっつける成分を根から出すため、畑にも栽培されます。

日本に自生するトレニア

ツルウリクサ

沖縄奄美地方には、トレニアの仲間の野生種が自生しています。ただ近年は数が減っているようで絶滅危惧種になっています。

63

夏 グリーンカーテン

窓辺に支柱を立て、つる草をはわせ、日よけとして活用する方法がグリーンカーテンです。緑にふれて楽しみながら、厳しい暑さを効果的に乗りきりましょう。

茂った葉が日差しを遮って、日陰をつくります。

葉から蒸散された水分が、熱をやわらげます。

ニガウリ（ゴーヤ）

グリーンカーテンの定番。果実はごつごつしていて、強い苦みがあります。

果実は熟すと黄色くなってはじけ、中から真っ赤なタネがこぼれ落ちるよ。

ほかにもグリーンカーテンに使われる草

グリーンカーテンに使えるつる草はニガウリだけではありません。
ぜひ、いろいろな草を植えて楽しんでみてくださいね。

ノアサガオ

琉球朝顔やオーシャンブルーなどの名前で販売されています。多年草ですが寒さは苦手です。

ホップ

穂に独特のにおいがあり、ビールの香りづけに使われます。丈夫ですが、増える力が非常に強いため、プランターなどでの栽培がおススメです。

トケイソウ

時計の文字盤のような花が咲きます。寒さに強く何年も楽しめます。

ヘビウリ

チョウマメ

さわやかなブルーが魅力の花です。豆は有毒で食べられません。

くねくねと曲がった果実はまるでヘビのよう。カラスウリと同じ仲間で花のかたちがよく似ています。

夏

花の咲く時間

夜に咲く

カラスウリ

メマツヨイグサ

暗くなってから咲いて、朝にはしぼみます。夜に活動するガが花を訪れます。

夕方

ハゼラン

午後3時頃から開花し、日没までには閉じます。

午後

ヒツジグサ

昼過ぎから夕方まで開花。名前は未の刻（午後2時頃）の意味。

昼頃

アメリカキンゴジカ

午前10時頃から2時間ほど開花します。

夏

花が開くのは日中で、暗くなると閉じてしまう……そういうイメージがありますが、じつは夜に咲く花も少なくありません。また種類によっては、特定の時間にだけ咲くものもあります。

朝〜午前中

朝のうちでしぼみます。涼しくなると遅い時間まで咲き続けることもあります。

コウガイゼキショウ類　スベリヒユ

ツユクサ　ザクロソウ

花の咲く時間

日の当たる時だけ開く

花に日の光が当たっている間だけ開きます。

リンドウ　　　　ニワゼキショウ

見たことあるかな？
お米の花

わたしたちの主食のお米は、イネという植物のタネの中身です。春の田植えの後にすくすくと育ったイネは、7月に入ると葉の間から穂（ほ）が顔を出し、花を開きます。

おしべ

咲（さ）いている！

めしべ

開花中のイネ

花が開くのは午前中の数時間だけ。品種（ひんしゅ）によってはまったく開かないものもあります。

稲妻（いなずま）や稲光（いなびかり）は、もともと初秋（しょしゅう）の雷（かみなり）のこと。特に雑節（ざっせつ）の二百十日（9月1日頃（ころ））に稲光が見えると、稲（いね）の収穫量（しゅうかくりょう）がアップするとされ、昔は大変（たいへん）喜（よろこ）ばれたよ。

植物みたいだけどちがう
藻類

地球上に初めて生命体が誕生してから、現在まで、進化の過程を線でつなぐと、まるで1本の木のようになり「系統樹」と呼ばれています。

水田に生えるシャジクモ、ワカメやコンブなどの海藻、アオミドロなどの植物プランクトンは、パッと見は植物のようですが、植物ではなく、その祖先にあたる生きものです。

原生生物のグループはアメーバ類、ミドリムシ類、珪藻類、藻類、粘菌類などが入っています。

アオコ　原核生物らん藻類

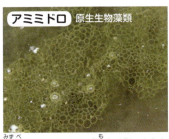

アミミドロ　原生生物藻類

シャジクモ　原生生物車軸藻類

水辺にはいわゆる「藻」がたくさんいます。この緑色の生きものには、大きく分けて原生生物のグループに入る藻類と、細菌のグループに入るらん藻類（シアノバクテリア）があります。らん藻類は、地球上で一番初めに光合成の能力を身につけ、地球にたくさんの酸素を供給しました。

水生植物の生えかた

夏は水生植物の観察にも最適です。水辺に生える植物は、総称して水生植物または水草といいますが、特別な環境に適応するため、その姿やくらしはとてもユニークです。調べれば調べるほど、水生植物の魅力にとりつかれることまちがいなしです。

湿生植物

ヨシ

川岸や沼のほとり、湿地など、土がぬかるんでいるような場所に生えます。普通は水に浸らない状態にあります。ヨシやセリ、ケキツネノボタンなど。

水辺の環境は、天候などの条件で水位が大きく変動するため、そこに生える植物は、水の量の変化に柔軟に適応できます。そのため、普通は湿生植物、抽水植物どちらの状態でも生育可能です。

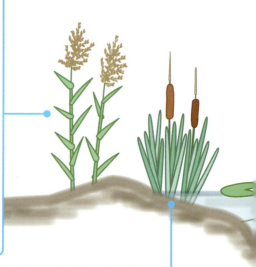

抽水植物

ヒメガマ

常に水につかった状態で育つ植物のこと。株もとは水中にありますが、葉や花、果実は水の外にあります。ガマやマコモ、ミクリなど。

夏

浮葉植物

スイレン

葉を水面に浮かべますが、水底に根をおろし、体を固定しています。スイレンやヒシ、ヒルムシロなど。

浮遊植物

ホテイアオイ

水面に浮かび、水の流れとともに移動します。ウキクサやホテイアオイなど。

沈水植物

クロモ

完全に水の中に沈んだ状態でくらしている植物のこと。水底に根を下ろして体を固定するものもあれば、根はなく水中を漂っているものもあります。クロモ、エビモ、マツモなど。

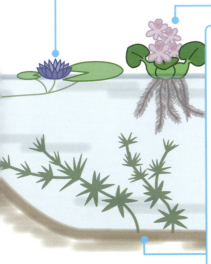

水生植物の生えかた

浮葉植物、浮遊植物、沈水植物は、水が完全になくなると干からびて枯れてしまうものも少なくありません。

水辺の草花

水生植物（水草）は、それだけで図鑑がつくれるほどの種類があり、たった3ページでは語りつくせないほどの魅力があります。ここでは代表的なものを中心に簡単に取り上げます。

ヒシ

泥深い池や沼に生え、水面をおおうほど群生することもあります。図形の「ひし形」の名前は、ヒシの葉のようなかたちという意味からきています。

> ヒシの果実には2本の鋭いトゲがあるよ。忍者は、逃げる時に追手に向かって、乾燥させたヒシの実をまいたんだって。これを撒菱というんだ。

アサザ

ガガブタ

水面が見えるような開けた池や沼に生え、どちらも夏に開花します。アサザの花は朝に咲いて、お昼前にはしぼんでしまいます。ガガブタの花は白色で、花びらの縁に白いふわふわしたものがついています。

フサジュンサイ（ハゴロモモ）

北アメリカからやってきた水草で、カボンバの名前で金魚やメダカの水草として水槽に栽培されます。夏から秋にかけて、水面から顔を出した花茎の先に白い花を咲かせます。

マツモ（キンギョモ）

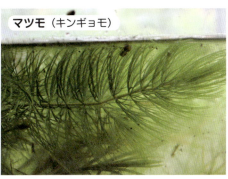

雄花

雌花

果実

水中で育ち、根はありません。茎がちぎれながら増えていきます。まれですが、花が咲くことがあり、1つの株に雄花と雌花がつきます。果実には3本のトゲがあり、おもしろいかたちをしています。

ウキクサとアオウキクサ

アオウキクサ
ウキクサ

どちらも水面によく浮かんでいます。大きいほうがウキクサ、小さいほうがアオウキクサです。次々と新しい体をつくり、分裂しながら増えていきます。アオウキクサは比較的よく咲きます。

ミジンコウキクサ

世界最小の花！

東南アジアの原産で、植物体は0.5mmほど。まるで粉のように小さな植物で、根はありません。花はめったに咲きませんが、世界最小サイズなため、咲いたとしてもまるでほこりのようです。

夏

水辺の草花

ハス

果実がハチの巣そっくり！ そのためハチスと呼ばれ、やがて「ハス」になりました。

泥の中に地下茎（レンコン）を張りめぐらせ、池いっぱいに広がります。タネの寿命がとても長く、数千年前のものでも発芽することがあります。

マコモ

とても地味な水草ですが、岸辺に「草の茂み」をつくるため、水生生物のすみかとして重要です。

サンカクイ

名前のとおり、茎の断面が三角形、先が鋭くとがっています。水鳥のサギの尻を刺してしまうと想像され、サギノシリサシなる別名もあります。

イヌタヌキモ

捕虫のう

花

池や沼の中に生える身近な日本の食虫植物です。丸っこい捕虫のうでミジンコなどを捕らえて消化します。

海岸の草花

夏休み、海水浴に出かける人も多いかもしれませんね。海には海岸植物（海浜植物）と呼ばれる、海岸限定の植物がいろいろと見られます。厳しい海の環境でがんばって育っている海岸植物の姿にも注目しましょう。

海岸植物の生える場所

海の環境は大きく砂浜と磯の2つに分けられます。

砂浜

砂浜は砂を中心とした平らな地面で、強い日差しが照りつけます。波しぶきがかかり、風で砂が吹き飛ばされてしまうため、植物が根を下ろすのは大変です。それでも海岸線から少し離れた場所には、植物がちゃんと生えています。

磯

磯はゴツゴツの岩が目立つ場所です。岩石は常に波にさらされ、けずられ、荒々しいかたちとなっています。干潮の時には岩のくぼみにタイドプールと呼ばれる「潮だまり」ができます。波しぶきがあまりかからない岩のすき間などに、植物は生えています。

海岸植物の特徴

厳しい海の環境にも負けないよう、次のような特徴が見られます。

①草丈が低い……海辺は風が強いため、背を低くして折れにくくする。

②葉が分厚くて表面はテカテカ……海水や砂、強い日差しにさらされても葉が傷みにくい。

③地下茎や根を長くのばす……風で根っこごと吹き飛ばされないよう踏ん張るため。また地中深くの水分を含んだ土の層まで根を下ろせるようにするため。

夏

海岸の草花

スカシユリ

> 花びらと花びらのあいだにすき間があるよ！

海辺に生える野生のユリ。6〜8月にオレンジ色の花を咲かせます。

ハマエノコロ

エノコログサの仲間で海岸に生えます。穂は短く、茎もあまりのびません。

カモノハシ

穂のかたちがカモノハシのくちばしのようなので、その名もずばりカモノハシ。砂浜に生えます。

岩場に多く生えます。葉の表面がしわだらけで、分厚くごわごわ。名前のラセイタは毛織物のことで、この葉の感じからきています。

ラセイタソウ

夏

ハマエンドウ

砂浜に生え、初夏に青紫色のとてもきれいな花を咲かせます。

タイトゴメ

ハマヒルガオ

岩場によく生える多肉植物です。葉は分厚くぼってりとしていて、中にたっぷりと水分を蓄えています。初夏に黄色い花を咲かせます。

砂の上に出ているのは葉と花だけで、足元に咲く小さな草のように見えますが、じつはこれは氷山の一角。砂の中に長い地下茎を張りめぐらせていて、あたり一面全部同じ株ということもあるほどです。

海岸の草花

ネコノシタ

花を車輪に見立ててハマグルマと呼ばれることもあります。ハマヒルガオ同様に、見えているのは氷山の一角で、砂の中に長い地下茎を張りめぐらせています。

葉をさわるとザラザラしているよ。このさわり心地が猫の舌みたいだから、こういう名前がつけられたんだ。

野原に咲く草花

草木が生い茂る夏。春や秋と比べると、ちょっぴり地味ですが、それでもたくさんの草花を観察することができます。

オオアレチノギク、ヒメムカシヨモギともに空き地ではびこって、背の高い草やぶをつくります。よく似ていますが、オオアレチノギクの花は筒状花のみなのに対し、ヒメムカシヨモギの花には白い舌状花があります。

北アメリカからやってきた草で、身近な場所にたくさん生えています。花の季節は夏〜秋で霜があたると枯れますが、暖かい場所では1年じゅう咲き続けます。

今でこそ、はびこる雑草として嫌われていますが、江戸時代末期には「柳葉姫菊」と呼ばれ、庭の花として大切に育てられていました。

ヒルガオ

果実

ヒルガオはなかなか結実しないから、果実はとても珍しいよ！

朝顔に対して昼間も咲き続けることから昼顔です。花色はピンクのみですが、株によって色の濃淡が見られます。

ワルナスビ

トゲ

果実

北アメリカからやってきた草で、地上の部分はジャガイモのような姿をしています。しかしイモはできず食べられません。しかもトゲが強烈な上、わずかな根っこからすぐに復活するため、畑を耕せば耕すほど増えていきます。そのため「悪」の名前がつけられてしまいました。

ヘクソカズラ

毒

葉をもむと思わず顔をしかめたくなるような悪臭がします。名前の屁や糞にもそれがしっかりと表れています。一方で花はとてもかわいらしいことから、サオトメカズラの別名もあります。

夏

野原に咲く草花

夏

野原に咲く草花

花びら / 花盤

> 花びらは短時間で散ってしまい、花盤だけが残ります。

やぶを枯らしそうな勢いでつるをのばすことから「やぶ枯らし」で、貧乏くさいところに生えるつる草（かづら）だから「貧乏かづら」ともいいます。オレンジ色の花盤には蜜がたっぷり。虫に大人気です。

ヤブカラシ

オトギリソウ

昔、ある鷹飼がこれを鷹の傷を治す秘薬として使っていたのに、弟にばらされてしまいました。怒った鷹飼が弟を斬り、飛び散った血が黒い点となって残りました。それで「弟斬り草」です。

カタバミ

アカカタバミ

葉をかじるとすっぱい味がして、食べられます。葉色は緑が普通ですが、濃い赤紫色のアカカタバミや、少しだけ赤紫色がかったウスアカカタバミも見られます。

夏

コニシキソウ

北アメリカからやってきた「畑の雑草」で、葉の真ん中に模様があります。茎や葉をちぎると白い乳汁が出てきます。多少の毒成分を含む可能性があるので、口には入れないようにしましょう。

ゴウシュウアリタソウ

オーストラリアからやってきた「畑の雑草」で、よくコニシキソウといっしょに生えています。成長がとても早く、発芽から10日で花が咲きます。

イヌビユ

イヌビユ、イヌビエ、名前がとてもよく似ているけど、イヌビユはヒユ科、イヌビエはイネ科で、まったくちがう植物だよ。

イヌビユ、イヌビエともに道ばたによく生えています。名前のイヌは、否から変化したもので、役に立つ植物に似ているけど別物という意味です。イヌビユは野菜のヒユと同じ仲間の野生種です。イヌビエも野生種で、これを品種改良したのが雑穀のヒエです。

イヌビエ

野原に咲く草花

秋

秋の初めは曇りや雨の日が多く、台風も頻繁にやってきます。さわやかな秋晴れが続くのは10月に入ってからです。やがて紅葉がはじまり、北日本や山間部からは冬の便りが届くようになります。11月を過ぎると平地でも朝晩の冷え込みが身にしみるようになります。

＊ちなみに、気象庁は9月～11月を、二十四節気では立秋（8月8日頃）から立冬（11月7日頃）の前日までを秋としています。

メキシコからきた秋の花

コスモス

風にやさしくゆれるコスモス畑は、今や秋を代表する景色の1つです。花の雰囲気から、漢字で「秋桜」と書きます。その原産地はメキシコで、日本には明治時代にやってきました。

花

タネはひっつき虫っぽい姿ですが、服にはつきません。

タネ

つぼみ

小さな花がたくさん集まって1つの大きな花のようになっています。

昼の時間が短くなってからつぼみがつく「短日植物」ですが、品種改良が進んだ今は、昼の長さに関係なく咲くようになりました。

いろいろなコスモス

コスモスの花の色やかたちはさまざま。最近は、薄い黄色やあんず色など、今までなかったような色も登場しています。

チョコレートコスモス

花がチョコレート色で、しかもチョコレートのように甘い香りがするコスモスです。1年で枯れるコスモスとはちがい、何年も生き続けます。

イエギクの仲間

野菊に対して、栽培されるキクをまとめてイエギクと呼びます。その発祥はチョウセンノギクとハイシマカンギク（いずれも中国の野生種）の雑種とされ、そこにいろいろな野菊をかけあわせ、多様な品種がつくられていきました。日本で栽培がはじまったのは平安時代で、現代にいたるまで秋を代表する花となっています。

いろいろなキクを集めてみました。といってもここに載せたものはほんの一部にすぎません。キクは、花の色やかたち、大きさなどのバリエーションがとても豊富で、その品種は星の数ほどあります。

大菊(おおぎく)

秋になるとあちこちで菊花展が開かれますが、その中でとりわけ目を引くのが大菊です。大菊は花の直径が18cm以上のものをいいます。

実用的な菊(きく)

食用や健康茶として利用される品種もあります。ただ、キクならどれでもよいというわけではなく、用途別に改良された品種を使います。花を食べるために改良された品種群が食用菊で、「もってのほか」などが有名です。キクの花を乾燥させてつくった健康茶は菊花茶といい、菊花茶用の品種があります。

食用菊●もってのほか

菊花茶用品種●黄山金菊(こうざんきんぎく)

秋

秋のお彼岸に咲く ヒガンバナ

名前のとおり、お彼岸の頃になると真っ赤な花を咲かせます。かつては死人花や幽霊花などと呼ばれ忌み嫌われていましたが、近年そのイメージは払拭され、人気の花の仲間入りをしています。

茎の先に真っ赤な花が数個ずつ集まって咲きます。

シロバナヒガンバナ

いわゆる白いヒガンバナ。ヒガンバナとショウキズイセンをかけあわせてつくられたものです。

お彼岸が近づくと、つぼみをつけた茎がのびてきます。

花が終わると、株もとから葉が出てきます。タネはできません。

夏はお休み。地上部は枯れて、球根だけが残ります。

冬から春にかけて、葉だけで過ごします。

花だんに咲く草花

「天高く馬肥ゆる秋」といわれるように、秋の空は真っ青に澄んで、空が高く見えます。花だんの花たちも、澄んだ青空をバックにして見ると、いつもとちがった色の対比を楽しむことができます。

花　　がく
花が終わった後も赤いがくは残るから、長い間楽しめるよ。

ヒゴロモソウ

ヒゴロモソウの花色ちがい

昔から栽培されているサルビアの仲間で、夏から秋にかけての花だんを真っ赤に彩ります。近年は白や紫など色のバリエーションが増えてきました。

ブルーサルビア

名前のとおり、さわやかな青紫色の花を咲かせます。花期が長く、霜が降りる頃まで楽しめます。白い花を咲かせる品種もあります。

秋

花だんに咲く草花

ベニバナサルビア

南アメリカからやってきたサルビアの仲間です。ピンクや白い花を咲かせる品種もあります。

シュウカイドウ

毒

中国からマレー半島にかけてに生え、日本には江戸時代にやってきました。秋になると葉のわきに「むかご」ができ、これで増やすことができます。

シュウメイギク

名前はキクですが、キクではなくアネモネの仲間です。花には花びらはなく、代わりにがくが花びらのように大きくなって目立ちます。がくは約20～30枚くらいあります。

> 京都の貴船山にたくさん咲くよ。そのことからキブネギクという名前でも呼ばれているんだ。

パンパスグラス

ススキを大きくしたような草で、高さは２ｍ以上になります。原産地の南米では６ｍにもなるといいます。

イヌサフラン

毒

コルチカムとも呼ばれます。買ってきた球根を土の上に置きっぱなしにしていても、秋になると自然と咲いてしまうほど丈夫です。葉は春になると出てきます。

> とてもきれいな花だけど、強い毒をもっているよ。ギョウジャニンニクなどの山菜とまちがえて食べ、中毒を起こす事故が毎年のように発生しているから気をつけようね。

ホウキギ（コキア）

特に枝を整えたりしなくても、自然にまんまるでふわふわの姿にまとまります。秋になると真っ赤に色づいてとてもきれい。果実は「とんぶり」といわれ食用になるほか、枯れた枝でほうきをつくることもできます。

秋

花だんに咲く草花

ハゲイトウ

カラフルな葉でとっても目立ちます。

花

花はとても地味で、葉のわきにかくれるようにひっそりと咲きます。

ケイトウの仲間

トサカゲイトウ

かなり古い時代に、インドから中国を経由してやってきました。万葉集に登場する韓藍は、このケイトウを指すと考えられています。穂の色やかたちはさまざま。赤のほかに、オレンジ、黄色、白、ピンクなどの色があります。

ヤリゲイトウ

ウモウゲイトウ

見られたらラッキー！
サツマイモの花

幼稚園の秋の行事として定番のお芋掘り。春に植えたいもづるは、大きなサツマイモをつくりながら、畑で元気につるをのばしています。サツマイモの花は秋に咲きますが、日本では開花はまれで、暖かい地域限定です。ただ最近は、気候の温暖化とともに花を見る機会が増えてきています。

花は薄い赤紫色で、かたちはアサガオそっくり。じつはサツマイモはアサガオと同じ仲間なのです。

茎は地面をはうようにのびていきます。

サツマイモの「いも」は、根が水や養分をたくわえて大きくふくらんだものです。

秋の七草

秋の七草は、秋に咲く美しい野の花を7種選んだものです。その起源は万葉集にあり、山上憶良が詠んだ歌がもとになっています。自然環境の変化により身近な場所から姿を消してしまったものも少なくありませんが、秋の野辺を歩きながら、七草に思いをはせてみるのもよいかもしれませんね。

> 秋の花尾花葛花瞿麦の花
> 女郎花また藤袴朝貌の花
>
> 山上憶良（万葉集）

萩　ヤマハギ

林縁やススキが生えるような草原に生え、8～10月頃に赤紫色の花を咲かせます。ハギの仲間は種類がたくさんありますが、ヤマハギはその代表種です。

尾花　ススキ

尾花はススキの昔の呼び名です。身近な場所にたくさん生えていて、古くから親しまれてきた草です。お月見の時には、おだんごとともにススキの穂を飾ります。

葛花　クズ

旺盛につるをのばし、あちこちおおってしまうため、やっかいな草として嫌われています。根からとったでん粉は「くず粉」として食用になります。

秋

瞿麦 カワラナデシコ

瞿麦は難しい漢字ですが、ナデシコの昔の呼び名。秋の野に咲くナデシコはカワラナデシコ。花びらの先が細かく切れ込みます。

女郎花 オミナエシ

山地の草原に生え、すらっとのびた茎の先に黄色い花を咲かせます。ただ、花を活けた後の水は醤油がくさったようなひどいにおいがすることで有名です。

朝貌 キキョウ

朝貌の正体は諸説ありますが、キキョウとする説が有力です。つぼみはぷっくりとふくらんだ姿をしていることから、英語でバルーンフラワーといいます。

秋の七草

藤袴 フジバカマ

河原に生えますが、すっかり数が少なくなり今や希少種です。
葉は生乾きの状態になると、ほんのり桜餅のような香りがします。

秋

花粉症の原因じゃないよ

セイタカアワダチソウ

小さな黄色い花をびっしりと咲かせた花の穂が、晩秋の野山で目立ちます。昔は花粉症の原因と誤解されていましたが、虫に花粉を運んでもらうため、空中にまき散らすことはありません。ただ増える力が強く、各地で生態系をおびやかしています。

舌状花、筒状花

小さな花がいくつも集まって、1つの花のようになっています。

茎の先のほうで、細かく枝分かれして、そこに大量の黄色い花がびっしりとつきます。

花期

生育期

果実期

細長いかたちの葉がびっしりとつきます。

タネは綿毛つきで風とともに舞い、遠くに運ばれていきます。

芽吹き

地下茎で越冬し、春になると芽を出します。暖かい場所では冬のあいだも葉は枯れません。

茎はまっすぐ上に向かってのび、大人の背丈以上にもなります。

おままごとで大活躍
イヌタデ

赤いつぶつぶの穂をお皿に盛りつけるとお赤飯のように見えることから、「あかのまんま」の名前で親しまれてきました。身近な場所にたくさん生えていて、秋になるといっせいに咲きます。

花びらは花の後もそのまま残り、タネを包んでいます。

花びらは5枚で、開くと小さな梅の花のよう。

タネには稜が3つあり、黒く光ります。

葉っぱのお皿につんだ穂を入れると、「お赤飯」のできあがり。

葉の先はゆるやかにとがります。

托葉鞘の様子はタデの仲間の見分けポイントの1つ。イヌタデの托葉鞘は表面に短い毛が生え、縁には長い毛が目立ちます。

托葉鞘

秋のあぜ道に広がるイヌタデの赤いじゅうたん

秋

青い色水がとれる
ツユクサ

さわやかな青い花を咲かせるツユクサは、かつてツキクサともいいました。花びらをこすりつけると青い色が「つく」からです。この色は、水で落とすことができるため、友禅染の下描きにも使われます。

果実は成熟すると自然に割れて、タネがこぼれ落ちます。

タネ

果実

果実は丸っこいかたち。苞に包まれるようにして育ちます。

夏〜秋に咲きます。暑い時期は朝のうちにしぼんでしまいますが、涼しくなるとお昼頃まで咲き続けます。

発芽

生育期

シロバナツユクサ

タネから芽を出したばかりのツユクサ。子葉は1枚です。

じつは花びらは3枚あります。またおしべは2本ですが、それとは別に「飾りおしべ」という黄色いおしべのようなものが目立ちます。

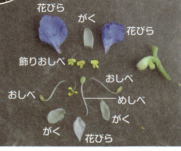

花びら　がく　花びら　飾りおしべ　おしべ　おしべ　めしべ　がく　がく　花びら

秋

野原の草花いろいろ

秋の野山にもたくさんの花が競うように咲き乱れますが、特に目立つのがタデやカヤツリグサの仲間です。さわやかな秋空の下、野辺に咲くかわいい花を探しに出かけましょう。

ミゾソバ

水辺にたくさん生え、秋にとてもかわいらしいピンクの花をいっせいに咲かせます。花びらをよく見ると、つけ根は白っぽくて、先端にいくにつれほんのりピンクになっています。

葉のかたちが牛の顔のよう。そのためウシノヒタイとも呼ばれます。

ヤナギタデ

「たで食う虫も好き好き」の「たで」はヤナギタデのことです。水辺や稲刈り後の水田に多く生え、葉にピリッとした辛味があります。かつては香辛料としても使われてきました。一方でヤナギタデに似ているものの葉に辛味がなく、人の役に立たないことから「ぼんつく」という悪口が名前に入ってしまったのがボントクタデです。ボントクタデも水辺によく見られます。

ボントクタデ

秋

野原の草花いろいろ

早春の新芽は「ととき」と呼ばれ、山菜としても親しまれています。ニンジンとつきますが、野菜のニンジンとは別物です。根が生薬の朝鮮人参に似ていることに由来します。

ツリガネニンジン

ススキが生えるような土手や草原に生え、秋にすっと長い茎をのばし、その先に茶色い穂がつきます。この穂は花が終わった後もしばらくそのまま残ります。

ワレモコウ

ツルボ

夏の終わりから秋にかけて、ピンクのかわいい花の穂を出します。春にも葉を出しますが、夏と冬は休眠して、地中の球根のみで過ごします。

ニラ

野菜としてもおなじみのニラ。夏から秋にかけて、咲く白い花はチョウやハチなど虫に大人気です。タネで増える力が強く、各地で野生化しています。

秋

アキノノゲシ

茎はまっすぐ上にのび、大人の背丈以上になることもあります。じつは野菜のレタスも同じ仲間です。

ノハラアザミ

秋はアザミの仲間もたくさん咲く季節です。アザミは種類がとても多く、地域によってみられる種類がちがいます。ノハラアザミは東海〜関東、東北地方と広域に分布しています。

カントウヨメナ

ヨメナ

野菊の仲間で、あぜ道や湿った野原に生えています。どちらの種類が見られるかは地域によって異なり、ざっくり分けると、カントウヨメナは東日本に、ヨメナは西日本に分布しています。

キツネノマゴ

秋の道ばたにたくさん生えています。穂がふさふさして見え、キツネのしっぽのようだけど、小さいから、孫のサイズだということで名前がつけられたといいます。

野原の草花いろいろ

稲刈り後の田んぼ

稲刈り後の田んぼは、ちょっとした花畑になります。水田に生える雑草の多くが、稲刈りが終わってから霜が降りるまでの短い間に、いっせいに花を咲かせタネを残すためです。水田の作業暦にうまく適応した結果、編み出された生活パターンなのでしょう。

オモダカ

コナギ

オモダカとコナギは、水田に生える雑草の代表的存在です。コナギは今でこそ見向きもされませんが、かつては野菜としても珍重されました。

チョウジタデ

晩秋の頃、目がチカチカするくらい鮮やかに紅葉するよ。

タデと名前がつきますが、タデ科ではなくアカバナ科の植物です。夏から秋にかけて、小さな黄色い花を咲かせます。

秋

稲刈り後の田んぼ

トキンソウ

畑でもよく見かけますが、あぜ道や稲刈り後の田んぼなど湿った場所にもたくさん生えています。

キカシグサ

葉のわきにとても小さな赤紫色の花を咲かせます。気温が低くなると鮮やかに紅葉します。

キクモ

細かく切れ込んだ葉が放射状につき、まるで雪の結晶のようにも見えます。秋にピンクの花を咲かせます。

葉のわきに丸い果実ができるよ。これがアブの目玉のように見えることから名前がつけられたんだ。

水没すると、葉のかたちが変わります。

アブノメ

ひょろっとのびた茎の先に、小さな紫色の花を咲かせます。茎をつぶすとパチパチということからパチパチグサの別名があります。

秋

ツユクサの仲間で、秋にピンクの花を次々と咲かせます。イボに効くからイボクサという名前がついたといわれますが、おそらく都市伝説でしょう。

イボクサ

稲刈り後の田んぼ

ミゾハコベ

コケのように小さな草です。花びら3枚のピンクの花を咲かせますが、とても小さくて肉眼でようやく見えるかどうかというレベルです。

ヒナガヤツリ

カヤツリグサの仲間です。稲刈り後は小さな姿のまま、びっしりと穂をつけているのをよく見ます。

タカサブロウ（モトタカサブロウ）

田んぼに生え、小さなキクのような花を咲かせます。茎の汁は空気に触れると黒く変色します。枯れる前には全体が真っ黒になります。

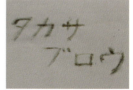

茎をペンのように持って、汁を紙にこすりつけると、字を書くことができるよ。

草の実、草のタネいろいろ

秋はみのりの季節。稲や果物のほかにも、いたるところで木の実、草の実がみのります。それだけで1冊の本がつくれるくらいの種類がありますが、ここではその一部を紹介します。

カラスウリ

タネはまるでカマキリの頭のよう。昔の結び文に見立ててタマズサ（玉章）とも呼ばれます。

秋の野山で、ぶら下がる真っ赤な果実がよく目立ちます。毒はありませんが、中身はタネだけで食べられません。

スズメウリ

水辺に生え、小さな丸い果実ができます。まるでスズメの卵のように見えるからスズメウリだとする説もあります。

ノササゲ

莢は鮮やかな青紫色に熟し、やがて弾けます。しかし弾けた後も豆は莢にくっついたままです。

秋

草の実、草のタネいろいろ

ノブドウ

果実は1つずつちがう色に熟すため、とってもカラフルです。毒があるかどうかは不明ですが、食べられません。

イシミカワ（トゲ）

茎には下向きの鋭いトゲがたくさん生えています。このトゲは体がずり落ちないようにするためのストッパーです。タネは花びらに包まれたまま成熟します。花びらの色はタネの成熟具合に応じて薄緑色→赤紫色→瑠璃色と変化します。

ホオズキ

果実はまんまるですが、大きくふくらんだオレンジ色のがくに包まれています。秋になるとがくが枯れて脈だけが残り、中の果実が透けて見えます。

ヒヨドリジョウゴ（毒）

林の縁などに生えるつる草で、秋にまんまるの赤い果実がたくさんできます。ナスと同じ仲間ですが、有毒で食べられません。ヒヨドリと名前がつきますがヒヨドリが食べるかどうかは不明です。

センニンソウ

タネの先に長い毛がたくさん生えています。成熟するとともにこの毛は白くふわふわになりますが、これを仙人のひげや白髪に見立てて、仙人草という名前がつけられました。

コミカンソウ

葉の裏側にできる果実はまるで小さなみかんのよう。ただ似ているのは見た目だけで、においや味はなく、食用にもなりません。

フウセンカズラ

まるで風船のようにぷっくりとふくらんだ果実ができるつる草です。つぶすとパンと音を立てて割れるのも風船そっくりです。

タネは白いハート形の模様が入っているよ。

ジャノヒゲ

ヤブラン

どちらも果実が熟す途中で果皮が取れてしまい、中のタネがむき出しの状態になります。脱落した果皮の代わりに、タネの皮が分厚くなって青や黒に色づきます。地面にたたきつけるとよく弾みます。

タネを遠くに運ぶワザ

分布を広げるためには、つくったタネを少しでも遠くに運んで、芽生える場所を分散させる必要があります。ところが植物は自力で移動することはできません。そこでタネに巧妙なしかけを施して、あの手この手でタネをまき散らそうと工夫をしています。

風の力を借りる

風に吹き飛ばされることで、少しでも遠くにタネを運ぼうとする作戦です。タネを軽くしたり、綿毛や翼をつけて風に舞いやすくしたりしています。

ガガイモ

ヤマノイモ
タネ本体
翼

水に流される

水辺に生える植物に多く見られ、タネは浮きやすい「素材」となっています。海流に乗って移動するタネもあり、ハマゴウはその1つです。

クサネム

ハマゴウ

じつはオオオナモミも！

ひっつき虫の代表オオオナモミは、人や動物にくっついて運ばれていくタネですが、水に浮かんで川の流れに乗っても移動します。そのため川沿いに大量のオオオナモミが生えることがあります。

緑の部分は全部オオオナモミ！

自分で飛ばす

ゲンノショウコ

ツルマメ

果実そのものがパチンと弾けたり、タネに圧力をかけて弾き出したりするなど、物理的な力を使って自分でタネを飛ばそうとする作戦です。写真のゲンノショウコは、果実が熟すと皮が勢いよくめくれ上がり、その時の勢いでタネを飛ばします。ツルマメはさや全体が音を立てて弾け、タネをまき散らします。

人や動物にくっつく

キンミズヒキ

ヌスビトハギ

コセンダングサ

ハエドクソウ

ケチヂミグサ

メナモミ

「ひっつき虫」として洋服や動物の体に取りついて、あちこちに運んでもらおうとする作戦です。くっつきかたにはいくつかありますが、代表的なものは先がくるんと巻いたかぎ爪状のトゲで、繊維などに引っかかる方法です。オオオナモミやキンミズヒキ、ヌスビトハギがこの方法です。またコセンダングサなどのように、トゲで突き刺さるものもあります。その他、ベタベタの粘液が糊のはたらきをしてくっつくものもあります。

秋

タネを遠くに運ぶワザ

雨粒とともに跳ねる

雨粒があたって、ぴしゃんと跳ねる時、そのしぶきとともにタネをまき散らす作戦です。その中でもユウゲショウは凝ったつくりをしていて、果実は水分を感知して開いたり閉じたりします。

アリに運んでもらう

タネにアリの好物であるエライオソームがついています。それを見つけたアリは巣穴へと運び、エライオソームを食べますが、タネ本体には興味がありません。そのためタネ本体はごみとして巣穴の外へと放り投げてしまいます。結果として、タネは親株から離れた場所へと運ばれていくのです。

タネ本体

エライオソーム

アリにタネを運んでもらう植物は、塀や切り株の上など思いがけない場所から、芽を出すことがあるよ。

冬

冬の日本列島は、太平洋側と日本海側とで天候が大きく異なります。太平洋側は晴れて空気が乾燥した日が続きますが、日本海側はくもりや雪の日が多く、地域によっては冬の間じゅう深い雪におおわれてしまうところもあります。昼の長さがもっとも短いのは冬至（12月22日頃）ですが、もっとも寒くなるのはその後、小寒（1月5日頃）から節分までです。

＊ちなみに、気象庁は11月～翌2月を、二十四節気では立冬（11月7日頃）から立春（2月4日頃）の前日までを冬としています。立春の前日の「節分」には豆まきの行事が行われます。

花みたいな豪華な葉っぱ
ハボタン

冬の殺風景な花だんを華やかにしてくれるハボタン。キャベツの葉変わり品種で、赤紫色や白色の葉がまるでボタンの花のようです。

ハボタンの葉の色は赤紫色、ピンク、白色などがあります。また、葉がちぢれてフリルのようになったり、細かく切れ込んでレース編みのようになったりする品種もあります。

踊りハボタン

ハボタンを長く育てていると、茎が立ちあがってきます。茎はぐねぐねと曲がって踊っているように見えることが多く、踊りハボタンと呼ばれています。

冬

ハボタン

本葉（ほんば）
子葉（しよう）

子葉は真ん中が少しへこんだかたち。

花の色やかたちはキャベツとまったく同じだよ！

果実（かじつ）は細長い棒状（ぼうじょう）で、中に丸くて小さなタネが並（なら）んで入っています。

暖（あたた）かくなってくると真ん中が盛（も）りあがってきて、やがて茎（くき）がのびて黄色い花が咲（さ）きます。

冬でも楽しめる草花

冷たい北風が吹いて、枯れ野や雪景色が広がる冬。そんな季節でも、咲いている花はあります。ぜひ探してみてくださいね。

レンテンローズ 毒

まだ寒いうちから咲きはじめ、えんじ色や黄緑色、ピンクなど、花色が豊富です。花びらのように見える部分はがくで、花後も枯れずにずっと残ります。

本物のクリスマスローズ（ヘレボラス・ニゲラ）は白い花。クリスマス頃から咲きはじめるよ。

ニホンズイセン

日本とつきますが、古い時代に地中海沿岸の地域からやってきた外来種です。各地の海岸沿いで野生化しています。スイセンの仲間の中では花期が早いほうで、年内から開花することも珍しくありません。

スノードロップ

ヨーロッパ原産の球根植物です。花が開くと、内側の花びらにある緑色のハートマークが顔をのぞかせます。

セツブンソウ

節分の頃に咲きはじめることからセツブンソウと呼ばれます。春本番の頃には地上部が枯れて、休眠に入ります。

冬

冬でも楽しめる草花

ストック

オランダイチゴ

ヨーロッパからやってきた草花で、日本名はアラセイトウです。一重咲きと八重咲きの品種があります。

おなじみのイチゴのことです。温室では冬のうちから花が咲きます。普段食べているのは花托と呼ばれる部分がふくらんだもので、ツブツブが果実です。

ノボロギク

チチコグサモドキ

どちらも外来種で、ノボロギクはヨーロッパから、チチコグサモドキは熱帯アメリカからやってきました。とても丈夫で、季節に関係なくだらだらと咲き続ける傾向があるため、冬でも花を見ることができます。

シクラメンの仲間
毒

球根

冬の鉢花として室内で育てるものが主流でしたが、小型で寒さに強く花だんでも楽しめるガーデンシクラメンという品種もあります。花のかたちがかがり火のようなので、カガリビバナとも呼ばれます。

球根は平べったくておまんじゅうのようなかたち。そのことから別名はブタノマンジュウ。

春の七草

> 芹薺
> 御形 繁縷仏の座
> すずなすずしろ
> これぞ七草

1月7日は七草の節句。この日は七草粥を食べて邪気を払い、無病息災を祈る風習があります。
七草粥に入れる草が「春の七草」です。現在の7種類に落ち着くまでの流れには諸説ありますが、鎌倉時代の『年中行事秘抄』にはすでにその原型が書かれていたといいます。
青菜の少ない冬、これら七草はビタミンやミネラルの補給源として大切にされてきました。

芹 セリ

茎や葉はみずみずしく、さわやかなにおいがあります。水辺に多く、密集して生える様子が、「競り」出ているようなので「セリ」となりました。

御形 ハハコグサ

茎や葉がふわふわの白い綿毛におわれています。今は草餅にはヨモギの葉を入れますが、古くはハハコグサが使われました。

薺 ナズナ

ぺんぺん草の名で有名です。最初はロゼットの状態ですが、開花とともに茎がのび、やがてハート形の果実の穂になります。

果実をつまんで、下に引っ張ってみよう。

耳もとで振るとシャラシャラと音がするよ！

繁縷（ハコベ）

「繁縷」にはミドリハコベ（在来種）とコハコベ（ヨーロッパ原産の外来種）の2種類があります。両者はそっくりですが、どちらも食べられます。季節に関係なくほぼ1年じゅう青々とした葉をつけ花を咲かせます。

仏の座（コオニタビラコ）

春の七草の「仏の座」は赤紫色の花を咲かせるホトケノザ（p24）ではなく、キク科のコオニタビラコのことです。田植え前の水田に生えますが、見かける機会はずいぶん少なくなりました。

すずな（カブ）

「すずな」はカブのこと。菜の花の仲間で、春になると黄色い花を咲かせます。

すずしろ（ダイコン）

「すずしろ」はダイコンです。ダイコンとカブはよく似ていますが、花の色はぜんぜんちがいます。

ロゼット

冬になると、地面にべったりと張りつくように葉を広げる草が目立つようになります。これは厳しい冬を乗り切るための作戦で、ロゼットといいます。バラを意味するローズに由来する言葉で、上から見ると、四方八方に広がる葉がまるでバラの花のように見えることからきています。

冷たい空っ風から身を守ることができます。

日光を体いっぱいに受けることができます。

外来タンポポ種群

ハルジオン

ヒメジョオン

いろいろなロゼットを探してみよう

冬の地べたには、たくさんの「ロゼットの花」が咲いています。寒さにあたって葉が真っ赤に色づいて、「バラの花」にも負けないくらいとても美しいものもあります。
ロゼットの色やかたちは種類によってさまざまです。ぜひ冬の野原でいろいろなロゼットを探してみてくださいね。

ヒメムカシヨモギ / キツネアザミ / ヘラオオバコ / ケキツネノボタン / カラクサナズナ / スカシタゴボウ

枯れ草だって美しい！

冬の野山の主役、枯れ草にも注目してみましょう。枯れ草は、草花が懸命に生きてきた「命の痕跡」です。やがては朽ちて土にかえり、また新しい芽生えを支えるたいせつな存在でもあります。同じように見えても1つひとつちがう枯れ草の造形を観察してみましょう。

コウテイダリア

メハジキ

背の高い草が枯れると、迫力満点です。青空をバックにして枯れ草を見上げ、そのシルエットを楽しんでみましょう。

霜の剣

それまで元気に茂っていた草花も、霜が降りると一夜にして、しんなりぐったりしてしまいます。この様子は、まるで霜が剣をかざして草花をやっつけたように見えるため、「霜の剣」と呼ばれます。

冬

枯れ草だって美しい！

ノコンギク

アキノノゲシ

枯れ草なのに、「花」がたくさん咲いたようになっています。「花」の正体は、綿毛つきのタネを飛ばした後に残った部分です。

シナダレスズメガヤ

コスズメガヤ

イネ科の植物は、枯れて乾燥するとドライフラワーのように、かたちが長く残るものも少なくありません。道ばたに多いコスズメガヤは、乾燥するとまるで白い霞がかかったようになって、とってもきれいです。

ポーチュラカ

夏の花だんで活躍したポーチュラカも、冬になると枯れます。赤系の花を咲かせる株は茎も赤っぽいので、紅白のおめでたい枯れ姿ができあがりました。

氷の花（氷柱現象）

枯れ草になってからもしばらくは、茎の中に水分が残っています。強い冷え込みがくると、茎の中の水分が凍って、氷が茎の皮を突き破って外に出てきます。これが氷の花（氷柱現象）です。
氷の花が有名なのは山地に生えるシモバシラという植物ですが、ていねいに観察すると身近な植物にもできています。

コセンダングサ

花が咲かない植物

植物の中には花が咲かず、タネではなく胞子で増えるグループもあります。それがシダ植物とコケ植物です。

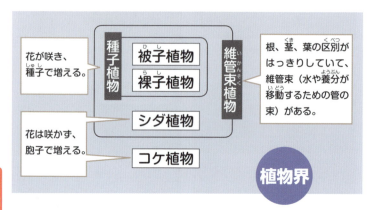

シダ植物

コケ植物がさらに進化し、維管束が発達、根・茎・葉の役割分担も明確になり、乾燥した場所でもくらせるようになったものがシダ植物です。
今は種子植物に取って代わられてしまいましたが、太古の昔には、シダ植物の大森林が広がっていた時代もありました。

ノキシノブ

胞子をつくる部分

岩壁や幹に付着するように生えます。葉の裏側に胞子をつくる部分（胞子嚢）がつきます。

コウヤワラビ

― 胞子葉

栄養葉

あぜ道などの湿った場所に生えています。胞子をつくる葉（胞子葉）と、光合成をして養分をつくる葉（栄養葉）が別々に出てきます。

すぎな　栄養茎　　つくし　胞子茎　　栄養茎と胞子茎の区別がない

「つくし」と「すぎな」は同じ植物で、土の中でつながっています。「つくし」は胞子をつくる部分（胞子茎）、「すぎな」は光合成で養分をつくる部分（栄養茎）です。一方で湿地に生える同じ仲間のイヌスギナは、胞子茎と栄養茎の区別はなく、すぎなの上につくしの頭が乗っかったような姿をしています。

コケ植物

大昔、まだ恐竜が登場する前の地球では、生きものたちは海の中でくらしていました。やがて藻類の一部が陸上生活に適応する体を獲得し、コケ植物へと進化していきました。コケ植物は今では世界じゅうに2万種以上もあります。

苔類（たいるい）　まるでかさぶたのように平べったく裏面に「仮根」と呼ばれる根のようなものがあります。仮根は主に体を支えるためのもので、水分は体全体で吸収しています。

蘚類（せんるい）
コケ植物の中ではもっとも進化したグループで、不完全ながらも茎と葉の区別があって、水や養分の通り道となる部分もあります。

花が咲かない植物

ちょっと気をつけたい植物

植物の中には鋭いトゲや強い毒があるなど、注意が必要なものもあります。とはいえ、毒やトゲは人間に嫌がらせをするためではなく、厳しい生存競争に負けないための「生き残り作戦」にすぎません。不必要に駆除するのではなく、注意しつつ観察を楽しみましょう。

鋭いトゲを持つ植物は、うかつに触るとケガをする可能性があります。見た目ではっきりとトゲが見えるものはまだよいのですが、中にはトゲの存在がわかりにくく、不意に刺されてしまうものもあります。

メリケントキンソウ

南アメリカからきた小さな草で、近年各地で急増中。果実に非常に鋭いトゲがあります。公園の芝生広場のような場所に生えることが多いため、小さな子どもやペットは特に注意が必要です。

アメリカオニアザミ

若苗

アメリカとつきますが、ヨーロッパ原産で、全身が鋭いトゲにおおわれています。このトゲは強烈で、軍手を数枚重ねて着用しても、ちくんとくるほどです。小さな苗の段階でもさわると相当に痛い思いをします。

ハリビユ

コンフリー

イチビ

イラクサ

ホウレンソウ

ちょっと気をつけたい植物

ハリビユは農地や牧場周辺ではびこっています。トゲを花の穂の中に隠し持っています。コンフリーやイチビはトゲこそありませんが、非常に硬い剛毛があり、肌に刺さりやすいです。イラクサはトゲがささると毒成分が肌の中に注入され、傷口がしばらく痛みます。ホウレンソウのうち、東洋種、日本ホウレンソウと呼ばれる系統の品種は、タネに硬く鋭いトゲがあるので、家庭菜園では取り扱いに要注意です。

サトウキビ

スズメバチがよくくる！

ヤブカラシやアレチウリの花は、スズメバチの仲間が蜜を求めてよくやってきます。花の蜜を吸っているスズメバチの攻撃性は低く、あまり恐れる必要はありませんが、偶発的な接触で刺されないようにしたいところです。

ヤブカラシ

アレチウリ

強い毒がある！

有毒植物は、それだけで専用の図鑑がつくれるほど種類があり、身近な場所にもたくさん生えています。わからない植物は、おいしそうに見えても口に入れないようにしましょう。

スズラン

ヨウシュヤマゴボウ

イヌホオズキ

スズランはかわいらしい花を咲かせ、庭にもよく植えられますが、強い毒をもっています。スズランを活けた花瓶の水をまちがえて飲むと中毒を起こします。ヨウシュヤマゴボウは果実がぶどうのようで、赤紫色の色を取り出すことができるため色水遊びでもおなじみです。ただ強い毒をもっていますので絶対に飲んではいけません。イヌホオズキも黒くて丸い果実ができ、一見するとおいしそうですが、やはり有毒です。

タマスダレ

トウゴマ

ヒョウタン

エンゼルトランペット

イソトマ

フクジュソウ

ルピナス

ちょっと気をつけたい植物

タマスダレはニラやラッキョウなどに似ていて誤食事故が多いため、畑のまわりには植えないようにしましょう。トウゴマのタネは美しくて工芸品に使われますが非常に強い毒をもち、汁液が傷口についただけでも中毒を起こす恐れがあります。ヒョウタンは果実の苦み成分が有毒で、食べると中毒を起こします。エンゼルトランペットやイソトマ、ルピナス、フクジュソウは園芸植物として身近ですが、強い毒をもつため、取り扱いには注意が必要です。

観察する時に気をつけたいこと

「踏みつけ」は、自然に大きなダメージをあたえます。足もとの小さな草花にも気を配って観察しましょう。

自然観察では「野のものは野に置いておく」のが基本マナーです。花をつんだり、木の実を拾うのは、必要な分だけにしましょう。

貴重な植物を保護している場所では、踏み荒らしたり、つんだりするのはやめましょう。

植物を写真に撮ったり、絵を描いたりする時、近くの草がじゃまだからといって、引きぬいたりするのはやめましょう。

いつもの散歩道でも、思わぬところに
危険がひそんでいることがあります。
けがや事故に気をつけて、楽しい自然観察を心がけましょう。

道路沿いや街なかで観察する時は、夢中になって車道にはみ出さないように注意しましょう。

水辺で観察する時には、必ず大人の人と一緒に行きましょう。

草やぶには、毒をもっていたり、刺したりする危険な生物が隠れている場合もあります。いきなり飛びこまないようにしましょう。

暑さが厳しい時期には、帽子をかぶったり、こまめに水分補給するなど、暑さ対策をしっかりしましょう。

索引

ア

- アオウキクサ……………………… 73
- アオコ………………………………… 69
- アカカタバミ……………………… 80
- アカツメクサ……………………… 41
- アキノノゲシ……………… 99、119
- アサガオ……………………………… 56
- アサザ………………………………… 72
- アゼゴケ…………………………… 121
- アップルミント…………………… 53
- アネモネ………………………………… 9
- アブノメ…………………………… 101
- アミミドロ………………………… 69
- アメリカオニアザミ…………… 122
- アメリカキンゴジカ……………… 66
- アメリカフウロ………………… 117
- アヤメ………………………………… 30
- アリウム・ギガンチウム……… 34
- アリタソウ………………………… 54
- アレチウリ……………………… 124
- イエギクの仲間…………………… 84
- イシミカワ……………………… 104
- イソトマ………………………… 125
- イタドリ…………………………… 49
- イチビ…………………………… 123
- イヌサフラン……………………… 89
- イヌスギナ……………………… 121
- イヌタヌキモ……………………… 74
- イヌタデ…………………………… 95
- イヌノフグリ……………………… 23
- イヌビエ…………………………… 81
- イヌビユ…………………………… 81
- イヌホオズキ…………………… 124
- イネ…………………………………… 68
- イノコヅチキクマルズイフシ… 47
- イボクサ………………………… 102
- イラクサ………………………… 123
- インパチェンス…………………… 61
- ウキクサ…………………………… 73
- ウキゴケ………………………… 121
- ウシクグ…………………………… 54
- ウマノスズクサ…………………… 28
- ウモウゲイトウ…………………… 90
- ウラシマソウ……………………… 28
- エゾタンポポ……………………… 19
- エンゼルトランペット………… 125
- オオアレチノギク………………… 78
- オオイヌノフグリ………………… 23
- オオオナモミ…………………… 106
- 大菊…………………………………… 85
- オオジシバリ……………………… 22
- オオバコ…………………………… 39
- オオブタクサ……………………… 29
- オカトラノオ……………………… 40
- オトギリソウ……………………… 80
- オニタビラコ……………………… 23
- オミナエシ………………………… 93
- オモダカ………………………… 100
- オヤブジラミ……………………… 44
- オランダイチゴ………………… 112
- オランダフウロ………………… 117
- オランダミミナグサ……………… 26
- オレガノ…………………………… 52

カ

- ガーデンシクラメン……………… 45
- カーネーション…………………… 32
- ガガイモ………………………… 106
- ガガブタ…………………………… 72
- カキツバタ………………………… 31
- カキドオシ………………………… 24
- カタバミ…………………… 48、80
- カブ………………………… 16、114
- カミツレ…………………………… 52
- カモノハシ………………………… 76
- カラクサナズナ………………… 116
- カラシナ…………………… 16、50
- カラスウリ………… 50、66、103
- カラスノエンドウ………………… 25
- カラスビシャク…………………… 42
- カレープラント…………………… 53
- カワラナデシコ…………………… 93
- カンサイタンポポ………………… 18
- カントウタンポポ………………… 19
- カントウヨメナ…………………… 99
- キカシグサ……………………… 101
- キキョウ…………………… 28、93
- キクモ…………………………… 101

キショウブ	31	シナダレスズメガヤ	119
キツネアザミ	116	シナノタンポポ	18
キツネノテブクロ	33	シバザクラ	8
キツネノマゴ	99	ジャーマンアイリス	34
キャベツ	17	シャクヤク	29
キュウリグサ	54	シャジクモ	69
キンギョソウ	9、45	ジャノヒゲ	105
ギンゴケ	121	シュウカイドウ	88
キンセンカ	7	シュウメイギク	88
キンミズヒキ	107	シラン	34
クサネム	106	シロアヤメ	30
クサノオウ	108	シロツメクサ	41、49
クズ	92	シロバナタンポポ	18
グラジオラス	32	シロバナツユクサ	96
クリスマスローズ	111	シロバナヒガンバナ	86
クロタネソウ	45	スイート・アリッサム	9
クロッカス	12	スイートバジル	52
クロモ	71	スイートピー	8
ケカキネガラシ	45	スイレン	71
ケキツネノボタン	116	スカシタゴボウ	116
ケチヂミグサ	107	スカシユリ	76
ゲンノショウコ	29、107	スギナ	121
コウガイゼキショウ類	67	ススキ	92
黄山金菊	85	スズメウリ	103
ゴウシュウアリタソウ	81	スズメノエンドウ	25
コウテイダリア	118	スズラン	124
コウヤワラビ	120	スズランスイセン	13
コオニタビラコ	114	ストック	112
コスズメガヤ	119	スノードロップ	111
コスモス	82	スベリヒユ	67
コセンダングサ	107、119	セイタカアワダチソウ	94
コナギ	100	セイタカタンポポ	18
コナスビ	45	セイヨウアブラナ	14
コニシキソウ	81	セツブンソウ	111
コマツヨイグサ	117	ゼニアオイ	117
コミカンソウ	105	ゼニゴケ	121
コリウス	62	セリ	113
コンフリー	123	センニチコウ	62
		センニンソウ	105

サ

ザーサイ	17		
ザクロソウ	67		
サツマイモ	91		
サトウキビ	123		
サンカクイ	74		
シクラメンの仲間	112		
シナガワハギ	55		

タ

ダイコン	114
タイトゴメ	77
タカサブロウ（モトタカサブロウ）	102
タガラシ	26
タケニグサ	40

タチアオイ	32
タネツケバナ	26
タマスダレ	125
タマネギ	37
チチコグサモドキ	112
チドメグサ	41
チューリップ	10
チョウジタデ	100
チョウマメ	65
チョコレートコスモス	83
ツクバネアサガオ	63
ツメクサ	26
ツユクサ	29、49、67、96
ツリガネニンジン	29、98
ツリフネソウハオレタマゴフシ	47
ツルウリクサ	63
ツルボ	98
ツルマメ	107
デージー	7
テッポウユリ	28
トウカイタンポポ	19
トウゴマ	125
トキワハゼ	24
トキンソウ	101
ドクダミ	38
トケイソウ	65
トサカゲイトウ	90
トマト	51
トレニア	63

ナ

ナガイモ	28
ナガミヒナゲシ	25
ナギナタコウジュ	55
ナズナ	113
ニガウリ（ゴーヤ）	64
ニチニチソウ	61
ニホンズイセン	111
ニラ	98
ニワゼキショウ	42、67、117
ニンジン	48
ニンニク	37
ヌスビトハギ	107
ネコノシタ	77
ネジバナ	42
ノアサガオ	65
ノースポール	6
ノキシノブ	120
ノゲシ	22
ノコンギク	119
ノササゲ	103
ノハナショウブ	31
ノハラアザミ	99
ノビル	42
ノブドウ	104
ノボロギク	112

ハ

ハエドクソウ	107
ハキダメギク	78
ハクサイ	17
ハクチョウソウ	33
ハゲイトウ	90
ハコベ	114
ハス	74
ハゼラン	66
ハッカ	54
ハナショウブ	31
ハナニラ	13
ハハコグサ	113
ハボタン	109
ハマエノコロ	76
ハマエンドウ	77
ハマゴウ	106
ハマヒルガオ	77
ハリビユ	123
ハルガヤ	55
ハルジオン	22、115
パンジー	4
パンパスグラス	89
ビオラ	4
ヒガンバナ	86
ヒゴロモソウ	87
ヒシ	72
ヒツジグサ	66
ヒナガヤツリ	102
ヒナゲシ	9
ヒマワリ	58
ヒメオドリコソウ	24
ヒメガマ	70
ヒメジョオン	78、115
ヒメムカシヨモギ	78、116
ヒャクニチソウ	62
ヒヤシンス	12

ヒョウタン	125
ヒヨドリジョウゴ	104
ヒヨドリバナ	55
ヒルガオ	79
フウセンカズラ	105
フウリンソウ	33
フキ（ふきのとう）	27
フクジュソウ	125
フサジュンサイ（ハゴロモモ）	73
フジバカマ	93
フリージア	13
プリムラ・ポリアンサ	8
プリムラ・マラコイデス	8
ブルーサルビア	87
ブロッコリー	17
ヘクソカズラ	79
ヘクソカズラツボミマルフシ	47
ベニバナサルビア	88
ベニバナボロギク	55
ペパーミント	53
ヘビイチゴ	43
ヘビウリ	65
ヘラオオバコ	116
ホウキギ（コキア）	89
ホウセンカ	61
ホウレンソウ	123
ホオズキ	104
ポーチュラカ	60、119
ホタルブクロ	40
ホップ	65
ホテイアオイ	71
ホトケノザ	24
ボントクタデ	97

マ

マコモ	74
マツバボタン	60
マツモ（キンギョモ）	73
マリーゴールド	63
ミジンコウキクサ	73
ミゾソバ	97
ミゾハコベ	102
ミドリハコベ	29
ムシクサ	46
ムシクサツボミタマフシ	46
ムラサキカタバミ	41
ムラサキケマン	25

ムラサキサギゴケ	24
ムラサキツユクサ	33
ムルチコーレ	6
メナモミ	107
メハジキ	118
メマツヨイグサ	66、117
メリケントキンソウ	122
もってのほか	85
モモイロタンポポ	7

ヤ

ヤエヒマワリ	59
ヤエムグラ	44
ヤグラネギ	37
ヤグルマギク	6
ヤナギタデ	97
ヤブカラシ	28、80、124
ヤブジラミ	50
ヤブラン	105
ヤブレガサ	29
ヤマノイモ	106
ヤマハギ	92
ヤリゲイトウ	90
ユウゲショウ	108
ユリの仲間	35、49
ヨウシュヤマゴボウ	124
ヨシ	28、70
ヨメナ	99
ヨモギ	27、48
ヨモギクキワタフシ	47

ラ

ラセイタソウ	76
ラナンキュラス	13
ラベンダー	53
リーキ（ポロネギ）	37
リビングストーンデージー	7
リンドウ	67
ルピナス	125
ルリムスカリ	13
レモンバーム	53
レンテンローズ	111
ローズマリー	52

ワ

ワルナスビ	79
ワレモコウ	54、98

著者プロフィール
岩槻秀明（いわつきひであき）

宮城県気仙沼市生まれ。気象予報士。千葉県立関宿城博物館調査協力員。千葉県希少生物及び外来生物リスト作成検討会種子植物分科会委員。野田市史編さん調査協力員（自然編）。
自然科学系のフリーライターとして、身近な自然に関する書籍の執筆や監修などを行っている。また自然体験講座や気象講座の講師を務めるほか、「わぴちゃん」の愛称で、テレビやラジオにも出演している。

◆主な著書（植物に関するもの）
『子どもに教えてあげられる 散歩の草花図鑑』（大和書房）、『散歩の草花図鑑』（新星出版社）、『最新版 街でよく見かける雑草野草がよ〜くわかる本』（秀和システム）、『自然観察便利帳』（いかだ社）など多数。
◆ホームページ
　　あおぞら☆めいと　　http://wapichan.sakura.ne.jp/
　　わぴちゃんのメモ帳（ブログ）　http://wapichan.cocolog-nifty.com/blog/

【主な参考文献】
『山渓ハンディ図鑑1　野に咲く花』『山渓ハンディ図鑑2　山に咲く花』（ともに山と渓谷社）
『フィールドベスト図鑑16 日本の有毒植物』（学研）
『知りたい花の名前がわかる　花の事典』金田初代・文／金田洋一郎・写真(西東社)
『日本帰化植物写真図鑑-Plant invader600種』『写真で見る植物用語』岩瀬 徹・大野啓一・著（ともに全国農村教育協会）『生物事典 四訂版』（旺文社）

写真●岩槻秀明　　イラスト●種田瑞子　　図版●岩槻秀明
編集●内田直子　　本文DTP●渡辺美知子

お散歩の草花ポケットブック

2019年4月19日　第1刷発行

著　者●岩槻秀明ⓒ
発行人●新沼光太郎
発行所●株式会社いかだ社
　　　〒102-0072　東京都千代田区飯田橋2-4-10　加島ビル
　　　Tel.03-3234-5365 Fax.03-3234-5308
　　　E-mail info@ikadasha.jp
　　　ホームページURL http://www.ikadasha.jp/
　　　振替・00130-2-572993

印刷・製本　モリモト印刷株式会社
乱丁・落丁の場合はお取り換えいたします。
Printed in Japan　ISBN978-4-87051-514-7
本書の内容を権利者の承諾なく、営利目的で転載・複写・複製することを禁じます。